Louis Figuier

La Cloche
à plongeur
et le Scaphandre

Les Merveilles de la science

ISBN : 978-1533575579

10 9 8 7 6 5 4 3 2 1

Louis Figuier

La Cloche
à plongeur
et le Scaphandre

Les Merveilles de la science

Table de Matières

CHAPITRE PREMIER

LES PLONGEURS À NU, LEURS EXPLOITS DANS L'ANTIQUITÉ. —
LES PLONGEURS EMPLOYÉS DANS LES GUERRES NAVALES ET DANS
LES SIÈGES DES PORTS. — LES PLONGEURS MODERNES. — LA
PÊCHE DES PERLES, DES ÉPONGES ET DU CORAIL.

L'Océan est un domaine mystérieux, qui a excité de tout temps la curiosité des hommes. Étudier dans son propre élément la nature sous-marine, la surprendre sur le fait, pour ainsi dire, en pénétrer tous les secrets, en dénombrer les incalculables richesses, et se les approprier, il y avait là de quoi tenter les imaginations vives et les esprits aventureux. Ajoutons que l'homme est essentiellement dominateur. Il veut régner en maître sur tout ce qui l'entoure. Son orgueil s'irrite des obstacles et des résistances. Il a entrepris contre la nature une lutte persévérante, indomptable, énergique ; il prétend l'asservir et en faire son esclave. Il a voulu connaître les replis les plus cachés de la planète qui lui est assignée pour demeure. Déjà de brillantes victoires sont venues encourager ses efforts ; mais son ambition n'est pas satisfaite encore. Il a étendu son empire à la surface de la terre et au milieu des airs, comme dans les plus grandes profondeurs du globe. On l'a vu tour à tour parcourir les hauteurs de l'atmosphère et descendre dans les entrailles de la terre. Il a voulu en outre visiter et interroger les espaces cachés à ses yeux par l'immense nappe des eaux qui couvrent les trois quarts de notre globe.

C'est cette dernière partie des heureux efforts de l'industrie de l'homme, c'est-à-dire l'art des voyages et des recherches sous-marines, que nous allons étudier dans la présente Notice.

L'art de plonger et d'aller chercher, sans appareil d'aucune sorte, les objets cachés sous les eaux, est aussi vieux que le monde. Mais, chose curieuse, les applications que l'on fit de cet art, aux premiers temps des sociétés humaines, ne se rattachaient point aux tranquilles besoins de la paix. L'art de plonger sous l'eau eut pour premier mobile l'esprit de conquête et de destruction ; la guerre en fut la première application. Les premiers plongeurs, organisés d'une manière un peu systématique, les plongeurs de l'antiquité, étaient des auxiliaires attachés aux flottes militaires,

Louis Figuier

pour l'entretien des coques des navires, et la surveillance des câbles qui les fixaient au mouillage. En cas de guerre, ils opéraient contre les flottes ennemies. C'est ce que rapportent plusieurs poètes et historiens anciens, notamment Homère, Aristote, Hérodote, Tite-Live, Pline, Lucain, Arrien, etc.

L'un de ces plongeurs, Scyllis de Sicyone, accomplit une action d'éclat, qui porta son nom à la postérité. La flotte de Xerxès ayant été assaillie par une violente tempête, près du mont Pélion, Scyllis, accompagné de sa fille Cyané, alla couper les câbles de plusieurs vaisseaux perses, qu'il livra ainsi aux caprices des flots. Par là, il contribua puissamment à la défaite du conquérant. En récompense de cet exploit, le conseil des Amphictyons plaça à Delphes la statue du hardi plongeur et celle de sa fille. Ces faits sont racontés par Pausanias et par Pline le Naturaliste.

Plus tard, les Athéniens étant venus mettre le siège devant Syracuse, les habitants de cette cité fermèrent leur port, au moyen d'une estacade, ou digue en bois, formée de pieux. Mais des plongeurs, envoyés par les assiégeants, sapèrent cet ouvrage par la base, et la ville eût succombé sans l'intervention des Lacédémoniens, qui arrivèrent fort à propos pour leur porter secours et contraindre les Athéniens à la retraite.

La même chose se passa au siège de Tyr par Alexandre le Grand ; mais les plongeurs appartenaient cette fois au peuple assiégé. Alexandre avait ordonné l'exécution d'une digue immense, qui reliait la côte asiatique à une île voisine ; mais d'habiles plongeurs phéniciens, armés de longs crochets, empêchèrent absolument la réalisation de ce projet. À mesure que le travail avançait, ils entraînaient les arbres et les pierres amoncelés, et désagrégeaient de telle sorte les entassements péniblement formés, que le moindre coup de mer suffisait pour tout enlever. Ils coupèrent aussi les câbles des vaisseaux ennemis, et forcèrent Alexandre à les remplacer par des chaînes.

Dionysius Cassius rapporte que les Byzantins usèrent d'un stratagème analogue pour porter le trouble dans la flotte de Septime Sévère, qui bloquait la capitale de l'Empire d'Orient. Des plongeurs, dirigés par l'ingénieur Priscus, allèrent trancher les câbles des galères romaines ; puis ils attachèrent aux mêmes navires d'autres

CHAPITRE PREMIER

câbles, sur lesquels agissait la population de Byzance, assiégée pour les amener au rivage, « en sorte, dit l'historien, que ces bâtiments semblaient déserter d'eux-mêmes la flotte de l'empereur. » De là, grande frayeur parmi les soldats romains.

Les plongeurs ne furent pas toujours employés à des exercices aussi périlleux. Plutarque nous a transmis le récit d'une scène dans laquelle ils jouèrent un rôle assez comique. C'est un des nombreux épisodes de la liaison du triumvir Antoine avec la séduisante Cléopâtre.

Il paraît que le général romain avait quelque penchant pour la pêche à la ligne et qu'il se livrait parfois à ce passe-temps bourgeois, en compagnie de la souveraine de l'Egypte. Malheureusement, le sort ne le favorisait pas plus que les simples mortels, et il lui arrivait, à peu près régulièrement, de ne rien prendre, ce dont il était « fort despit et marry », dit Amyot, traducteur de Plutarque.

C'est alors que Marc Antoine eut l'idée de corriger la fortune par l'ingénieux moyen que voici. Chaque fois qu'il jetait la ligne, il envoyait un de ses plongeurs attacher un beau poisson à son hameçon, et il fit ainsi plusieurs prises superbes en présence de Cléopâtre. Celle-ci découvrit immédiatement l'artifice ; mais, femme et reine, elle avait depuis longtemps appris l'art de dissimuler. Elle ne laissa donc rien paraître, et complimenta Antoine sur son habileté. En revanche, elle conta la chose à ses courtisans, et les invita à revenir le lendemain, pour être témoins de la surprise qu'elle préparait au général romain.

Personne n'eut garde de manquer au rendez-vous.

Antoine ayant jeté sa ligne, Cléopâtre ordonna à l'un de ses esclaves de se précipiter dans le Nil avant le plongeur de son amant, et d'attacher à l'hameçon flottant dans l'eau un vieux poisson salé. Antoine tira sa ligne, se croyant sûr de son fait. Mais au lieu d'un poisson fraîchement extrait des ondes, il n'amena au bout de son fil qu'un poisson de conserve (*fig.* 393).

« Et adonc, comme on peut penser, poursuit Amyot, tous les assistants se prirent bien fort à rire, et Cléopâtre en riant lui dit : « Laisse-nous, seigneur, à nous autres Égyptiens, habitants de Pharos et de Canobus, laisse-nous la ligne ; ce n'est pas ton métier ; ta chasse est de prendre et conquérir villes et cités, pays

Louis Figuier

et royaumes. »

Fig. 393. — Marc Antoine et Cléopâtre ou le mystificateur
mystifié.

Au 1er siècle de l'ère chrétienne, nous voyons les plongeurs encore
fort appréciés pour les besoins de la guerre, dans les pays du Nord.
Un vieux recueil raconte que, sous le règne de Frothon III, roi de
Danemark, une flotte fut envoyée par le roi de Suède contre le
pirate Oddo, le plus fameux marin danois de l'époque, et dont

CHAPITRE PREMIER

l'habileté était telle qu'il passait pour un magicien commandant aux vents et aux flots. Pour conjurer le maléfice, Eric, amiral de la flotte suédoise, appela la ruse à son aide : il fît percer, par de hardis plongeurs, tous les vaisseaux d'Oddo pendant la nuit.

« Le matin, comme ils commençaient à couler bas et que l'équipage ne songeait plus qu'à vider l'eau qui envahissait leurs navires, Éric les attaqua. Les Danois, occupés à se garantir du naufrage, ne purent soutenir en même temps l'assaut de leur ennemi et périrent tous avec leur flotte[1] »

Dans des temps moins éloignés de nous, les plongeurs gardent leur importance comme auxiliaires des flottes de guerre. Au commencement du XIVe siècle, ils sauvent le port de Bonifacio (île de Corse) de l'invasion espagnole, en coupant les câbles de plusieurs vaisseaux de la flotte d'Alphonse, roi d'Aragon, qui bloquait la ville. À la faveur du désordre qui en résulte, une escadre génoise force les lignes espagnoles et pénètre dans la place.

En 1372, des bateaux chargés de matières inflammables, viennent porter la dévastation dans une flotte anglaise, placée sous le commandement de lord Pembroke. Ces bateaux ont des allures mystérieuses ; on ne leur voit ni voiles ni rames, et cependant ils avancent droit au but. C'est qu'ils sont remorqués par des hommes habiles à nager sous l'eau ; voilà tout le secret.

Dans les guerres navales du moyen âge, chacun des belligérants ayant sa compagnie de plongeurs, il arrivait quelquefois que les deux compagnies se trouvaient en présence au sein de l'onde ; il en résultait des luttes dramatiques. L'un de ces combats entre deux eaux eut lieu au siège de Malte, par Mustapha-Pacha, en 1565. M. Jal le rapporte comme il suit dans son *Glossaire nautique*.

Le grand-maître de Malte, La Valette, craignant une attaque des Turcs contre la Sanglea, avait fait établir une palissade dans le voisinage de ce point. A l'abri de ce rempart, se trouvaient des arbalétriers et des arquebusiers, qui empêchaient les barques ennemies d'approcher. Mustapha dépêcha alors ses plongeurs, avec mission d'accomplir la même besogne que les Syracusains d'autrefois ; mais les Turcs rencontrèrent en route des plongeurs maltais, fort habiles en leur art, qui les attaquèrent à l'improviste.

---

1 *Recueil historique de faits pour servir à l'histoire de la marine.* Paris, 1777.

Louis Figuier

Un combat terrible s'engagea dans la mer, chacun des soldats se soutenant d'une main sur l'eau, et frappant de l'autre avec la hache ou l'épée,

« La lutte dura plusieurs minutes, dit M. Jal, au bout desquelles les Turcs furent contraints de prendre la fuite, ayant perdu la moitié des leurs et laissant le champ de bataille aux Maltais que, du haut des fortifications, La Valette et de Monte, l'amiral des galères de la Religion, virent rentrer dans le port, emportant les blessés ou aidant à nager ceux que les armes turques n'avaient pas réduits à l'impossibilité de faire quelques mouvements. »

À mesure qu'on s'avance dans les temps modernes, le rôle des plongeurs s'efface de plus en plus. L'invention de la poudre, en révolutionnant l'art de la guerre sur mer comme sur terre, est venue jeter sur eux un discrédit dont ils ne se relèveront pas. Les derniers plongeurs officiellement reconnus appartenaient, en France, à la marine de Louis XIII ; ils avaient rang d'officiers et portaient le titre de *mourgons*. Leur unique fonction, essentiellement pacifique, consistait à visiter les carènes des navires. Enfin, ils disparaissent tout à fait.

« En 1793, dit un officier de marine, Montgéry, les calfats étaient quelquefois assez bons plongeurs ; mais cela n'a plus lieu. Les Espagnols ont moins perdu que nous sous ce rapport ; j'ai vu employer leurs plongeurs pour le service de nos vaisseaux à Brest, en 1770, et à Cadix, après le combat de Trafalgar. »

À partir du XVIIIᵉ siècle, la profession de plongeur change de nature. Ce n'est plus aux besoins de la guerre qu'elle est consacrée, mais uniquement aux usages de l'industrie et du commerce. Dans les profondeurs de la mer se rencontrent des substances précieuses à divers titres, des objets d'ornement, ou des substances alimentaires. L'art du plongeur aura donc pour but désormais la recherche de l'huître perlière, du corail, de l'éponge. C'est pour alimenter de ces produits les contrées civilisées que des hommes se précipiteront au fond de la mer, au péril de leur vie. Une grande transformation sera donc opérée chez le plongeur. Au lieu d'être un agent de destruction, il sera un agent de production, et lorsque la science l'aura pourvu d'appareils perfectionnés, il rendra au commerce, à l'industrie, à la marine des services considérables.

CHAPITRE PREMIER

Quelle triste et pénible condition que celle des pêcheurs de perles, d'éponges ou de corail ! C'est que l'homme n'est pas fait pour vivre sous l'eau ; sa constitution s'oppose à une existence subaquatique. Il faut que l'air arrive à ses poumons incessamment, régulièrement. Si, par une pratique de tous les jours, certains individus peuvent suspendre, pendant quelque temps, l'exercice de la fonction respiratoire, ils ne tardent pas à atteindre la limite de leurs efforts. Il est à peu près avéré aujourd'hui que l'homme ne peut rester sans respirer au delà de deux minutes ; encore tout le monde ne le ferait-il pas. Un tempérament robuste et surtout une longue habitude, telles sont les conditions d'une telle victoire remportée sur la nature. Il faut donc se tenir en garde contre les récits de certains voyageurs qui affirment avoir vu des plongeurs séjourner quatre ou cinq minutes sous l'eau.

De ce nombre est un officier de la marine britannique, Percival, qui, dans son *Voyage à Ceylan*, cite un jeune Cafre, pêcheur de perles, qui aurait accompli pareil exploit, « On ne connaît personne, ajoute Percival, qui ait passé sous l'eau un plus long espace de temps qu'un plongeur qui vint d'Anjango en 1797, et qui s'y tint cinq minutes. »

Un romancier français qui s'était attaché à peindre la vie américaine, Gabriel Ferry, parle également de pêcheurs de perles restant quatre minutes sous l'eau. Il y a là évidemment appréciation inexacte, ou exagération.

Les plus habiles plongeurs sont les naturels des îles de la mer du Sud. Ils vont chercher au fond de l'eau, et en rapportent des objets du plus mince volume.

Les plus renommés sont ceux de l'île de Ceylan, qui pêchent l'huître à perles. On les a vus descendre sous l'eau jusqu'à quarante et cinquante fois dans un seul jour. Quelquefois le travail est si pénible pour eux, qu'en revenant à la surface, ils rendent, par la bouche, le nez et les oreilles, de l'eau mêlée de sang.

Voici comment opèrent les pêcheurs qui exploitent les bancs d'huîtres perlières du golfe de Bengale.

Louis Figuier

Fig. 394. — Pêche des huîtres perlières sur la côte de l'île de Ceylan.

Chacun est muni d'une grosse pierre, destinée à l'entraîner au fond de l'eau, et percée d'un trou, dans lequel passe une corde. Lorsqu'il est sur le point de descendre, le plongeur, qui a appris à se servir

CHAPITRE PREMIER

des doigts de ses pieds comme de ceux de ses mains, saisit avec le pied droit, la corde fixée à la pierre ; tandis que du pied gauche, il prend le filet qui doit recevoir sa récolte. Il prend ensuite, de la main droite, une longue corde attachée au bateau, et se bouchant les narines de la main gauche, pour ne pas laisser s'échapper l'air qu'il a aspiré fortement, aussi bien que pour empêcher l'accès de l'eau dans les fosses nasales, il cède au poids qui le sollicite en bas, et descend rapidement dans la mer. (*fig.* 394). Arrivé au fond, il passe à son cou la corde du filet, de manière à rabattre celui-ci sur sa poitrine, et il ramasse, aussi promptement que possible, une quantité d'huîtres qui atteint souvent jusqu'à la centaine pendant les deux minutes qu'il reste sous l'eau. Tirant alors la corde qu'il tient de la main droite, il donne le signal, et se fait hisser à la surface.

Selon Percival, quelques plongeurs se frottent le corps avec de l'huile, et se bouchent, avec du chanvre, le nez et les oreilles, pour empêcher l'eau d'y pénétrer. Mais d'autres négligent toutes ces précautions.

En général, les pêcheurs de perles vivent peu. Les inégalités de pression qu'ils doivent supporter, provoquent la rupture de vaisseaux internes. Ils sont frappés d'apoplexie au sortir de l'eau. Chez d'autres, la vue s'affaiblit rapidement au contact incessant de l'onde salée. Ils ont encore à redouter la terrible dent du requin. Ce vorace poisson est le plus sérieux des dangers qui les menacent. Aussi est-il fort redouté de ces malheureux.

En résumé, c'est une triste profession que celle de plongeur à la recherche des huîtres perlières.

Voici maintenant comment s'achève la récolte des perles, commencée par le travail des plongeurs.

Les coquilles à perles rapportées par chaque pêcheur, sont déposées sur des nattes de sparterie, dans des espaces carrés, entourés de palissades. Elles meurent bientôt, et se putréfient. On cherche alors dans les coquilles ouvertes, les perles qu'elles peuvent contenir. Puis on fait bouillir la matière animale, et on la passe au tamis, pour retrouver les perles libres qui occupaient l'intérieur du corps, où elles étaient enveloppées entre les plis du manteau du mollusque.

Des nègres sont chargés de percer et d'enfiler les perles libres.

Louis Figuier

Ils détachent celles qui adhèrent au coquillage, les nettoient et les polissent avec de la poudre de perles ou de nacre.

Pour classer les perles selon leur grosseur, on les fait passer dans divers cribles, à treillis de cuivre, de différentes dimensions. Chaque tamis est percé d'un nombre de trous, qui détermine la grosseur des perles, et leur donne un numéro commercial. Les cribles percés de vingt trous portent le numéro 20. Ceux qui sont percés de 30, 50, 80 trous portent des numéros correspondants. Toutes les perles qui restent au fond des cribles de ces dernières catégories, sont de premier ordre. Celles qui traversent les cribles numéros 100 à 800, sont de second ordre ; celles qui traversent le crible numéro 1 000, sont de troisième ordre ; on les vend à la mesure ou au poids.

La nacre n'est autre chose que la lame interne des coquilles des huîtres perlières. L'industrie de la récolte de la nacre se confond, par conséquent, avec celle de la pêche des huîtres perlières.

Dès que la recherche des perles dans les huîtres rapportées du fond de la mer par les pêcheurs, est achevée, on s'occupe de récolter la nacre de ces mêmes coquilles. On choisit les coquilles qui, par leur dimension, leur épaisseur ou leur éclat, paraissent devoir fournir la plus belle nacre, et on en détache les lames internes qui, bien nettoyées et polies, sont expédiées en Turquie, sous le nom de nacre.

La pêche des perles et de la nacre, dont nous venons de parler, commence à l'île de Ceylan, aux mois de février ou de mars, et ne dure qu'un mois.

La même pêche se fait encore sur les côtes du golfe de Bengale, dans les mers de la Chine, du Japon et de l'archipel Indien, enfin dans les colonies hollandaises et Espagnoles des parages asiatiques. Les *Pintadines perlières* sont également exploitées dans le sud de l'Amérique.

Sur les côtes opposées à la Perse, sur celles de l'Arabie, à Ouarden, à Dahrein, à Gildwin, à Daimy, à Catifa, jusqu'à Maskate et à la mer Rouge, la pêche et le trafic des perles et de la nacre se font d'une manière assez active.

Dans ce dernier pays, la pêche n'a lieu qu'en juillet et août, la mer n'étant pas assez calme dans les autres mois de l'année. Arrivés sur

CHAPITRE PREMIER

les bancs de *Pintadines* (huîtres perlières), les pêcheurs mettent leurs barques à quelque distance l'une de l'autre, et jettent l'ancre, à, une profondeur de 5 ou 6 mètres. Les plongeurs se passent sous les aisselles une corde, dont l'extrémité communique à une sonnette placée dans la barque. Après avoir placé du coton dans leurs oreilles, et sur le nez une pince en bois ou en corne, ils ferment les yeux et la bouche, et se laissent glisser, à l'aide d'une grosse pierre attachée à leurs pieds. Arrivés au fond de l'eau, ils ramassent indistinctement tous les coquillages qui se trouvent à leur portée, et les mettent dans un sac suspendu au-dessus des hanches. Dès qu'ils ont besoin de reprendra haleine, ils tirent la sonnette. Aussitôt on les aide à remonter.

Les parages qui fournissent aujourd'hui les perles dans les mers de l'Amérique du Sud, sont situés dans les golfes de Panama et de la Californie ; mais, en l'absence de règlements conservateurs, difficiles à établir, à cause des troubles qui agitent constamment ces contrées, les bancs, exploités sans prévision, commencent à s'épuiser. Aussi l'importance des pêcheries de perles dans l'Amérique du Sud n'est-elle plus évaluée qu'à la somme approximative de un million et demi de francs. C'est là, du moins, ce qui résulte du rapport d'un lieutenant de la marine royale, auquel le gouvernement anglais donna, il y a quelques années, la mission d'étudier l'état des pêcheries dans ce pays. Le rapport ajoutait que les plongeurs devenaient chaque jour plus rares, les nègres et les Indiens renonçant au métier, par la peur que leur inspirent les requins qui infestent les eaux de ces parages.

Il y a, du reste, une grande inertie chez les hommes voués à ces rudes et dangereux labeurs. Il faut avouer que ce n'est pas l'appât du gain qui peut les stimuler beaucoup, car à Panama, par exemple, ils ne reçoivent qu'un dollar par semaine. Ils sont nourris avec un mauvais morceau de morue salée ou de *taso* (bœuf séché au soleil), et n'ont pour tout vêtement qu'une pièce de cotonnade, qui leur passe entre les jambes et vient se nouer autour des reins. D'autres fois, les plongeurs ne sont loués que pour la pêche du jour, et reçoivent alors une paye d'environ 5 centimes par huître perlière.

Ils ont coutume de se lancer à la mer sans corde d'appel, ni sac, et pendant les vingt-cinq ou trente secondes qu'ils demeurent sous l'eau, ils ne peuvent arracher que deux ou trois huîtres. Ils renouvellent leur descente douze ou quinze fois ; mais il leur arrive souvent de plonger sans réussite, ou de rapporter des huîtres qui ne contiennent aucune perle.

Passons à la pêche des éponges exécutée par les simples plongeurs, selon les anciens errements.

Les pêcheurs d'éponges procèdent à peu près de la même façon que les pêcheurs de perles, et leur industrie offre les mêmes dangers.

De nos jours, la pêche des éponges se fait principalement dans la mer de l'Archipel ottoman et sur le littoral de l'Afrique, depuis l'Egypte jusqu'à la côte de Tunis. Les pêcheurs, qui sont des habitants des nombreuses îles de l'Archipel ottoman, vendent le produit de leur pêche aux Occidentaux. Ce commerce a pris une grande extension depuis que l'usage des éponges s'est généralement répandu, soit pour la toilette, soit pour les nettoyages domestiques et industriels.

La pêche commence ordinairement vers les premiers jours de juin, et finit en octobre. Mais les mois de juillet et d'août sont particulièrement favorables à la récolte des éponges. Antakieh (Syrie) lui fournit environ 10 bateaux, Tripoli 25 à 30, Karki 50 ; Symi en expédie jusqu'à 170 et 180 et Kalimnos plus de 209.

Voici comment se fait la récolte des éponges sur les côtes de Syrie (*fig. 395*).

Des bateaux, montés par 4 ou 5 hommes, se dispersent sur les côtes, et vont chercher leur butin à 2 ou 7 kilomètres au large, sous les bancs de roches. Les éponges de qualité inférieure sont recueillies dans les eaux basses. Les plus belles ne se rencontrent qu'à la profondeur de 12 à 22 brasses. Pour les premières, on se sert de harpons à trois dents, à l'aide desquels on les arrache, non sans les détériorer plus ou moins. Quant aux secondes, ou aux éponges fines, d'habiles plongeurs descendent au fond de la mer, et à l'aide d'un couteau, ils les détachent, avec précaution. Aussi le prix d'une éponge *plongée* est-il beaucoup plus considérable que celui d'une éponge *harponnée*.

Parmi les plongeurs, ceux de Kalimnos et de Psara sont particulièrement renommés. Ils descendent jusqu'à 25 brasses de profondeur, restent moins longtemps sous l'eau que les Syriens, et

CHAPITRE PREMIER

font cependant des pêches plus abondantes.

Fig. 395. — Pêche des éponges sur la côte d'Afrique.

La pêche de l'Archipel ottoman fournit au commerce peu d'éponges fines, mais une grande quantité d'éponges communes. La pêche de Syrie fournit, en éponges fines, celles qui conviennent le mieux pour la France. Elles sont de taille moyenne. Au contraire, celles que fournit la pêche de la côte de Barbarie, sont de fortes dimensions et d'un tissu fin. Elles sont très-recherchées par l'Angleterre.

Si, partant du golfe de la Syrte, c'est-à-dire des côtes orientales de la Tunisie, on se dirige en suivant les côtes d'Afrique, vers Alexandrie, que de là on remonte les côtes de Syrie, pour contourner celles de l'Asie Mineure ; si l'on parcourt encore les côtes des îles et de la Grèce baignées par la mer de l'Archipel et celles de Candie et de Chypre, on aura figuré l'immense développement des parages où s'exerce l'industrie du plongeur d'éponges.

Nous trouvons dans un mémoire rédigé à Rhodes, par M. P. Aublé, des détails très-intéressants sur l'industrie de la pêche des éponges qui est mise en pratique par les habitants des îles de l'Archipel ottoman.

« Les îles de l'Archipel ottoman qui s'occupent de la pêche des éponges, dit M. P. Aublé, sont : Calimnos, Symi, Karki, Psara, Rhodes, Lero et Stampalie. Calimnos, Symi et Karki plus spécialement que toutes les autres ; ce sont les trois points importants de cette industrie.

« Au mois d'avril, les pêcheurs commencent à s'apprêter pour le départ ; déjà, vers la fin du mois de mars, les équipages se forment ; chaque capitaine choisit son monde et fait ses conventions.

« En général, les barques sont montées par sept hommes chacune, quelquefois par huit. Sur ce nombre, il y a quatre plongeurs qui se partagent le produit de la pêche ; les autres sont des manœuvres qui reçoivent de 280 à 350 francs l'un, pour toute la durée de la campagne, outre la nourriture qui leur est fournie.

« C'est surtout à cette époque que les plongeurs demandent de l'argent, des vivres, des vêtements à leurs patrons. Ils doivent en effet faire des provisions pour trois à quatre mois, laisser quelque argent à leur famille, en prendre pour eux-mêmes, pour parer aux nécessités d'une longue absence. Avec ce qu'ils doivent déjà, c'est une affaire de 15 à 20 mille piastres (3 500 à 4 000 fr.) par barque en moyenne.

« Quand enfin ils sont parés, un beau matin, à l'aurore, ils partent, rarement seuls, presque toujours en compagnie de quatre ou cinq barques. Puis, avant de prendre leur direction définitive, ils vont à quelque monastère renommé, faire leurs vœux et leurs prières pour que leur pêche soit heureuse.

« Vers le milieu du mois de mai, tous les bateaux de pêche sont loin, et les îles ne sont plus habitées que par les femmes, les jeunes enfants, les vieillards et quelques malades. C'est d'une solitude affreuse au milieu d'une sécheresse horrible.

« La construction toute spéciale de ces barques qui peuvent porter six à sept tonneaux, leur permet de se rendre à des points très-éloignés. Elles ont, en effet, avec une voilure énorme, de grandes qualités nautiques ; elles vont vite, serrent bien le vent et tiennent admirablement la mer. Aussi il est très-rare qu'elles se perdent en mer, à ce point qu'on peut dire que cela n'arrive jamais. Elles sont d'une construction semblable à celle du fameux schoner américain « *America,* » vainqueur dans toutes les courses mémorables qu'il a engagées. — Il est curieux de rencontrer une construction aussi habile dans des îles où l'on travaille par routine, à vue d'œil, sans aucune notion précise de l'art des constructions navales et de la voir correspondre au résultat le plus parfait d'études, d'essais faits par des navigateurs renommés les plus capables d'entre tous.

« Les meilleures barques vont exploiter la côte d'Afrique depuis le golfe de la grande Syrte jusqu'aux abords d'Alexandrie d'Egypte et sur cette étendue deux points principaux : Benghazy et Mandrouka.

« Pour s'y rendre, elles passent d'abord à Candie, et, de là, traversent jusqu'en Afrique ; elles tombent ainsi exactement sur Mandrouka. Pour aller jusqu'à Benghazy, il ne leur convient point de côtoyer l'immense étendue des côtes qui séparent ces deux points ; le plus souvent elles y sont portées par de gros navires qui les ramènent également à la fin de la pêche. Dans ces parages où les Arabes leur donnent la chasse quand ils s'aventurent sur terre, le navire est leur point de ralliement. Les barques lui payent un droit de 20 pour 100 sur leur pêche, à charge par lui de payer les frais de navigation et les droits de pêche.

« Il n'y a guère que vingt ans que l'on a découvert et commencé à exploiter le banc de Mandrouka, D'autres barques vont à Chypre ; un beaucoup plus grand nombre s'y rendraient sans les fièvres et les maladies qui y règnent et qui en éloignent les plongeurs.

« Les côtes de Candie sont exploitées plus spécialement par les pêcheurs de Karki ; toutes les barques de cette île, à part cinq ou six, vont là. Il est encore des barques qui se rendent sur la côte de Caramanie et de Syrie jusqu'à Alexandrette. Les barques de Château-Rouge exploitent de préférence ces côtes où d'ailleurs, leur île fait le commerce des bois qu'elle envoie à Alexandrie.

« Les côtes d'Afrique, Benghazy, Mandrouka, sont visitées plus spécialement par les Calimniotes et les Symiotes qui ont assez de barques pour en envoyer à presque tous les lieux de pêche.

« Enfin, un nombre assez considérable se rend dans les îles de l'Archipel, dans les golfes et les îles de la Grèce.

« Le nombre des bateaux de pêche se rendant à ces différents points varie chaque année. Les pêcheurs savent tenir compte des espaces de temps nécessaires pour que les bancs se remplissent de bonnes éponges de grosseur convenable. Ils prétendent que ce n'est guère qu'au bout de trois ans qu'une éponge a acquis un développement satisfaisant ; mais d'autre part l'étendue des gisements est pour ainsi dire indéfinie, de sorte qu'on peut toujours y trouver des éponges assez grosses.

« On pêchait aussi autrefois dans la mer Rouge ; depuis longtemps on a abandonné cette pêche soit à cause des chaleurs insupportables, soit à cause de la grande quantité de requins qui se trouvent dans cette mer. Encore dernièrement on a essayé, mais sans succès, d'exploiter ces parages.

« Du reste, chaque année, on découvre naturellement de nouveaux gisements plus ou moins considérables. Si l'on se reporte à soixante-dix et quatre-vingts ans, on voit qu'à cette époque il n'y avait guère qu'en Syrie que l'on faisait la pêche des éponges : on ne connaissait que celles de cette provenance, c'étaient les seules qui fussent alors articles de commerce.

« En examinant dans le bassin de la Méditerranée, la position de ces lieux de production, on est conduit naturellement à penser qu'il doit y avoir des éponges sur les côtes d'Algérie, du Maroc, d'Espagne, de Sicile et sur les côtes du sud de l'Italie.

« Sur toutes ces côtes, les profondeurs auxquelles on trouve des éponges, sont variables ; les pêcheurs plongent donc plus ou moins profondément, suivant leur habileté. C'est sur les côtes d'Afrique et sur celles de Caramanie que l'on descend le plus bas ; c'est là aussi que se rendent les meilleurs plongeurs »

CHAPITRE PREMIER

« En général, on pêche de 15 à 25 brasses (25 à 40 mètres), mais il en est qui vont à 30, 35 et même 40 brasses (70 mètres) et qui restent de 3 à 4 minutes sous l'eau.

« Après avoir jeté de l'huile ou du lait d'éponge sur la surface de la mer pour voir le fond, ils piquent une tête en tenant entre leurs mains une pierre (scandali) fixée à une corde de signal. Cette pierre les entraîne rapidement. Une autre corde attachée à la corde de signal et à leur corps, permet de retourner à celle-ci qu'ils abandonnent arrivés en bas.

« Tandis qu'ils sont au fond de la mer, ils ramassent dans le rayon de cette deuxième corde, avec une légèreté, une vitesse et une adresse remarquables, les éponges qui s'y trouvent. Ils les placent dans un sac qui leur tombe devant la poitrine, et quelquefois, quand ils ont fait une abondante récolte, que le sac est rempli, ils en mettent entre leurs jambes et jusque sous leurs bras. Dès qu'ils veulent remonter, ils font le signal convenu ; on les ramène très-promptement à la surface. S'ils sont descendus à de grandes profondeurs, ils saignent par les oreilles, par le nez, par la bouche, conséquence de la compression qu'ils subissent.

« Grâce à l'habitude et à une pratique qui commence dès leur bas âge, ils n'éprouvent pas d'accidents plus fâcheux, comme cela arrive fréquemment en Europe chez les ouvriers travaillant dans l'air comprimé. Mais, dans ces conditions, ils ne peuvent faire au plus que cinq à six descentes par jour. On les voit, pour s'apprêter à plonger, aspirer à pleins poumons et remplir d'air tous les pores intérieurs.

« Comme on le pense bien, ces hommes perdent rapidement l'ouïe, prennent des maladies aiguës ; leur jeunesse, leur santé s'usent rapidement.

« Mais ce n'est pas tout, car ils courent de graves dangers.

« Au pied des éponges se trouve quelquefois une espèce d'ampoule verdâtre, grosse comme une noix et remplie de liquide ; les plongeurs l'appellent *fusca*. En prenant l'éponge, ils enlèvent aussi cette fusca, et, en la pressant contre eux au moment où ils remontent, elle crève. Le liquide qu'elle contient les brûle, forme une plaie hideuse, un chancre qui dévore la chair avec une rapidité effrayante et qui tue en quelques jours sans qu'aucun remède ait pu

Louis Figuier

l'arrêter. Ce terrible poison ne pardonne pas.

« D'autres fois, c'est le requin qui a aperçu le plongeur et qui fond sur lui avec la rapidité de la flèche. L'homme a beau se faire hisser immédiatement, dès qu'il l'a aperçu ou entendu, c'en est fait de lui, l'animal le poursuit et, se retournant brusquement sur le dos quand il va l'atteindre, ouvre sa gueule énorme, et le coupe en deux. On en a vu s'accrocher ainsi par leurs crocs à la chair humaine, être amenés avec le plongeur jusqu'à la surface de l'eau, et là, malgré les coups de harpon, de piques, ne pas lâcher prise qu'ils n'aient emporté le morceau. Ce monstre est la terreur du plongeur, il l'appelle skilo, psuri (poisson ou chien).

« Il est encore un poisson qu'il craint beaucoup, l'anguille aveugle, que l'odorat seul, parait-il, dirige. Elle se précipite sur le pêcheur et lui fait une morsure fort douloureuse. Ils disent que cet animal naît de l'anguille de mer et du serpent terrestre.

« On rapporte aussi quelques malheurs arrivés par des pieuvres énormes (octapode qui a huit pieds) dans des cavernes sous-marines. Cet animal immonde arrive parfois à des proportions colossales, et malheur à qui l'approche : se tenant cramponné par deux bras à un rocher, il se lance, en se déployant, sur sa proie, frappe comme une balle sur la poitrine et s'y colle, tandis que ses autres bras l'enlacent et l'étreignent comme pour la forcer à respirer : le malheureux se noie. Ceci est arrivé dernièrement sur les côtes de Candie. Il arrive enfin que le plongeur, attiré trop loin de sa corde de signal par l'appât d'un bon butin, ne retrouve plus sa pierre (les bons plongeurs négligent quelquefois de se rattacher à la corde de signal) ; impuissant à remonter, sans force, il périt atrocement.

« On peut donc dire que le métier est pénible, dangereux ; que le plongeur joue continuellement sa vie, pour ne pas gagner grand'chose en définitive. Et si l'on songeait à toutes les difficultés, à toutes les misères de cette existence, on s'étonnerait vraiment que cette marchandise n'ait pas un tout autre prix.

« Quelques barques montées par de vieux plongeurs, incapables désormais de descendre au fond de la mer, pèchent les éponges avec un harpon fixé au bout d'une longue perche. Cette perche, faite de plusieurs morceaux liés entre eux, atteint jusqu'à dix

CHAPITRE PREMIER

brasses (16 mètres). Cette manière de procéder déchire l'éponge et la fait beaucoup déprécier. Plus rarement encore, on emploie des dragues, dans le genre de celles employées à la pêche du corail. Ces dragues sont formées par une poche, à l'ouverture de laquelle se trouve une lourde barre transversale, reposant sur le sol sous-marin, tandis que la poche ouverte est prête à recevoir tout ce qui sera détaché par cette barre, La drague, tirée par des barques marchant à la voile, racle le fond de la mer jusqu'à 90 et 100 brasses de profondeur (145 à 160 mètres). On ramène de ces abîmes des éponges énormes d'un bon usage.

« Sur les côtes de Tunisie, c'est l'Ile de Gerbeh qui est le point central.

« Là aussi la pêche se fait au harpon et commence vers les derniers mois de l'hiver ; en été, la végétation sous-marine, très-abondante, empêche complètement la recherche des éponges. Contrairement aux éponges des Antilles dont le tissu est pour ainsi dire brûlé et qui se déchire facilement, les éponges de Tunisie sont d'une bonne qualité ordinaire, d'un tissu fort et résistant.

« La pêche n'offre là rien de particulier, si ce n'est les droits de dîme qui sont exorbitants. Chaque soir les barques de retour vendent leurs éponges, payent pour la dîme un tiers de leur pêche au choix du préposé qui désigne la part qu'il prend parmi les trois parts égales qu'on en fait. Ce droit appartient au gouvernement qui ne le vend pas. »

Sur les bancs de Bahama, dans l'océan Atlantique, les éponges croissent à de faibles profondeurs. Les pêcheurs espagnols, américains, anglais, après avoir enfoncé dans l'eau une longue perche, amarrée près du bateau, se laissent glisser sur les éponges, dont ils font une récolte facile.

Dans les Antilles, la pêche des éponges est entre les mains des nègres, qui font cette pêche sur les côtes des îles de cet archipel. Ils se servent généralement de harpons. Le travail se fait toute l'année, et n'est sujet à aucun retard.

Nassau (île de Bahama) est le centre du commerce des éponges américaines. C'est une possession anglaise. Les éponges passent par l'Angleterre pour arriver en France.

Les éponges des Antilles sont, en général, de qualité inférieure.

Louis Figuier

Nous venons de tracer avec quelque détail l'industrie du plongeur à nu, qui se limite à la recherche des huîtres perlières et des éponges. Nous verrons, à la fin de cette Notice, quelle révolution doit apporter dans cette industrie l'emploi des appareils qui permettent à l'homme de demeurer sous l'eau plusieurs heures, pour s'y livrer à un travail continu et tranquille. Mais nous pouvons faire remarquer, sans anticiper sur ce qui sera dit à cette occasion, combien la pratique du plongeur à nu est regrettable, en ce qui concerne la multiplication des huîtres perlières et des éponges. La nécessité de faire la récolte dans le court espace de temps où l'homme peut rester sous l'eau, oblige le plongeur à draguer, à détacher brutalement huîtres perlières et éponges, au lieu de les recueillir à la main. Cette pratique a le grave défaut de détruire, sans utilité, une énorme quantité de jeunes individus, qui sont ainsi perdus pour la reproduction. On doit se féliciter hautement, à ce point de vue, des progrès qui ont été récemment réalisés dans la fabrication des appareils plongeurs. Désormais, comme nous le verrons à la fin de cette Notice, au lieu de plonger pour chercher les huîtres perlières, le pêcheur jouira de la faculté de se promener longuement et librement dans les plaines sous-marines. Il pourra choisir tout à son aise les individus parvenus à maturité, et laisser grandir en paix ceux qui ont pour mission d'assurer la perpétuité de l'espèce.

CHAPITRE II.

LA CLOCHE À PLONGEUR. — SON PRINCIPE. — EXPÉRIENCES FAITES AU XVIE SIÈCLE. — WILLIAM PHIPPS. — LA CLOCHE DE HALLEY. — CELLE DE TRIEWALD. — PERFECTIONNEMENTS DE SPALDING, SMEATON ET RENNIE. — LES PLONGEURS A LA CLOCHE EN ANGLETERRE.

L'impossibilité de rester sous l'eau au delà d'un temps très-court, étant de bonne heure bien constatée, on dut naturellement chercher à vaincre ou à tourner cet obstacle opposé aux investigations humaines. De là la *cloche à plongeur*.

Le principe du premier appareil de ce genre que la science ait possédé repose sur un fait dont nous sommes chaque jour témoins. Prenons un verre, plongeons-le tout entier dans l'eau, en ayant soin de le tenir verticalement, et retirons-le de même ; nous constaterons que le haut du verre est absolument sec. D'où cela vient-il ? De ce que l'air contenu dans le verre, peu à peu comprimé par le liquide qui monte, atteint, à un moment donné, la limite de sa compression, et se trouve réduit à une couche très-mince, qui protège le haut du vase contre le contact de l'eau. Cette expérience peut être faite par tout le monde.

Pour la rendre plus saisissante, on suspend au haut du verre une bougie allumée, et l'on constate que, bien que le verre soit tout entier immergé dans l'eau, la bougie continue de brûler, c'est-à-dire que l'eau arrêtée par la pression de l'air comprimé contenu dans le haut du verre, ne s'élève pas jusqu'à ce point, pour noyer la bougie. C'est ce que représente la figure 396.

Fig. 396. — Principe de la cloche à plongeur de l'antiquité.

Louis Figuier

Donnons maintenant à notre verre des dimensions assez grandes pour qu'un ou plusieurs hommes puissent y trouver place, et nous aurons construit une cloche à plongeur, c'est-à-dire un espace dans lequel des hommes pourront respirer et vivre, bien qu'ils soient enveloppés par l'eau de toutes parts.

Telle est la cloche à plongeur dont parle Aristote dans ses *Problèmes* :

« On procure aux plongeurs, dit le célèbre philosophe grec, la faculté de respirer, en faisant descendre dans l'eau une chaudière ou cuve d'airain. Elle ne se remplit pas d'eau et conserve l'air, si on la force à s'enfoncer perpendiculairement ; mais si on l'incline, l'eau y pénètre. »

Ce passage d'Aristote prouve que la cloche à plongeur, avec la disposition élémentaire que nous venons de signaler, était déjà employée chez les anciens. Cependant le même passage exige une explication. Il semble, en effet, donner à entendre que, dans aucun cas, la cloche ne se remplit d'eau, pourvu qu'on la maintienne parfaitement verticale. Cette assertion ne saurait être exacte pour tous les cas pratiques de l'emploi de cet appareil.

Lorsque l'air contenu dans la cloche est à la pression ordinaire, l'eau commence à envahir le récipient, dès qu'elle en touche les bords ; car la pression du liquide s'ajoute alors à la pression atmosphérique pour refouler l'air intérieur. À mesure que la cloche descend, la hauteur de la colonne d'eau intérieure augmente, et par conséquent aussi sa pression ; l'air est donc de plus en plus condensé dans la cloche. À la profondeur de $10^m,33$, l'eau occupe déjà la moitié de la cloche ; car la pression exercée sur l'air intérieur est égale à 2 atmosphères (on sait, en effet, que le poids d'une colonne d'eau de $10^m,33$ équivaut à la pression atmosphérique). À 21 mètres, les deux tiers de la cloche sont remplis d'eau ; à 32 mètres, les trois quarts. Il arrive enfin un moment où l'air est tellement comprimé qu'il n'occupe plus qu'un espace insignifiant, alors l'individu qui serait placé dans la cloche serait infailliblement submergé.

Ainsi construite, la cloche à plongeur serait fort imparfaite, puisqu'elle ne permettrait de descendre qu'à une profondeur très-restreinte. Ajoutons que l'air qu'elle contient, n'étant pas renouvelé, se vicierait promptement, par la respiration des plongeurs. En

CHAPITRE II.

outre, cet air s'échaufferait de manière à affecter péniblement les organes. Il en résulte que l'appareil devrait être fréquemment remonté, sous peine d'asphyxie pour ceux qu'il renferme. Il va sans dire néanmoins, que le temps de séjour au fond de l'eau, pourrait être prolongé, si la capacité de l'appareil était considérable.

Il paraît que, déjà du temps d'Aristote, on avait introduit dans la cloche à plongeur un premier perfectionnement, consistant à y renouveler l'air de temps à autre. On se servait dans ce but, d'un tuyau, que le philosophe de Stagire compare à la trompe de l'éléphant ; et si l'on en croit un illustre physicien du moyen âge, Roger Bacon, Alexandre le Grand lui-même se serait servi de machines « avec lesquelles on marchait sous l'eau, sans péril de son corps, ce qui permit à ce prince d'observer les secrets de la mer. »

En dépit de ces quelques mentions faites par les auteurs, on peut assurer que la cloche à plongeur ne rendit que fort peu de services dans l'antiquité.

La cloche à plongeur disparaît pendant tout le moyen âge. Ce n'est qu'au XVIe siècle qu'elle commence à revoir le jour. On procède à des expériences avec cet appareil en Espagne et en Italie.

En 1538, sous les yeux de Charles-Quint et de plusieurs milliers de personnes, deux Grecs descendirent au fond du Tage, à Tolède. Ils s'étaient placés dans une grande chaudière renversée, la véritable cloche à plongeur de l'antiquité. Ils en sortirent au bout de quelque temps, sans même être mouillés. Ce qui occasionna une grande surprise, c'est qu'une lumière qu'ils avaient emportée avec eux, continuait de brûler. On a vu dans l'expérience que représente la figure 396, l'explication physique de ce fait.

En 1552, quelques pêcheurs de l'Adriatique firent également des expériences devant le doge de Venise et un certain nombre de sénateurs. Leur appareil consistait en une sorte de cuve, de près de 5 mètres de haut sur 3 mètres de large. L'un des pêcheurs séjourna dans l'eau de la lagune environ deux heures.

On a publié à Venise, dans les premières années du XVIIe siècle, un ouvrage sur *l'art de marcher et de travailler dans l'eau en y respirant facilement*. Respirait-on réellement avec facilité dans les machines alors en usage ? L'ouvrage le dit ; mais il est permis de suspecter sa véracité, car l'appareil de Venise, connu sous le nom de *Cornemuse, ou capuchon de plongeur*, laissait beaucoup à désirer. Il se composait d'une grande cuve retournée, dont le sommet recevait des tuyaux flexibles appelés *trompes d'éléphant* (réminiscence d'Aristote), ou *cornemuses*. L'un de ces tuyaux aboutissait à la tête du plongeur, qu'il coiffait entièrement, d'où le nom de *capuchon du plongeur*. Des personnes placées sur le rivage, insufflaient de l'air dans les tuyaux, au moyen d'énormes soufflets à main.

Quelque imparfait que fût cet appareil, il établit l'existence, au XVIIᵉ siècle, d'une véritable cloche à plongeur, perfectionnée et rendue pratique.

En 1653, un Anglais nommé William Phipps, fils d'un forgeron, imagina un appareil pour aller chercher au fond de la mer les débris d'un vaisseau espagnol qui s'était récemment perdu sur la côte d'Hispaniola (île de Saint-Domingue, ou d'Haïti, dans les Antilles). Aucun détail ne nous est parvenu sur cette invention. Tout ce que l'on sait, c'est que le roi d'Angleterre, Charles II, s'intéressa à l'entreprise du forgeron, et lui proposa, à titre d'essai, de repêcher un vieux navire. William Phipps échoua complètement.

Après son insuccès, il revint à son premier métier, ou plutôt il tomba dans une profonde misère. Néanmoins, il ne se découragea pas. Il ouvrit une souscription publique, à laquelle le duc d'Albemarle contribua largement.

En 1667, William Phipps frète un navire de 200 tonneaux, pour aller repêcher les richesses sous-marines qui lui avaient été signalées dans les parages de Saint-Domingue. Après bien des peines et des déboires, Phipps réussit à retirer le trésor du fond des eaux, et il revint en Angleterre, à la tête de 200 000 livres sterling (5 millions de francs). Il préleva 20 000 livres sterling pour lui, et en abandonna 90 000 au duc d'Albemarle.

Nommé chevalier par le roi, l'humble fils du forgeron devint la souche de la noble famille de Mulgrave, qui jouit d'un certain renom dans l'histoire d'Angleterre.

Cependant ce ne fut qu'au commencement du XVIIIᵉ siècle que fut inventée une cloche à plongeur véritablement digne de ce nom. Elle fut construite par l'astronome anglais Halley. C'est ce savant qui, le premier, imagina un moyen pratique de renouveler

CHAPITRE II.

constamment l'air à l'intérieur de l'appareil, et de l'y condenser suffisamment pour empêcher l'introduction de l'eau, à quelque profondeur qu'on descende. Voici les dispositions de la cloche de Halley, que représente la figure 397.

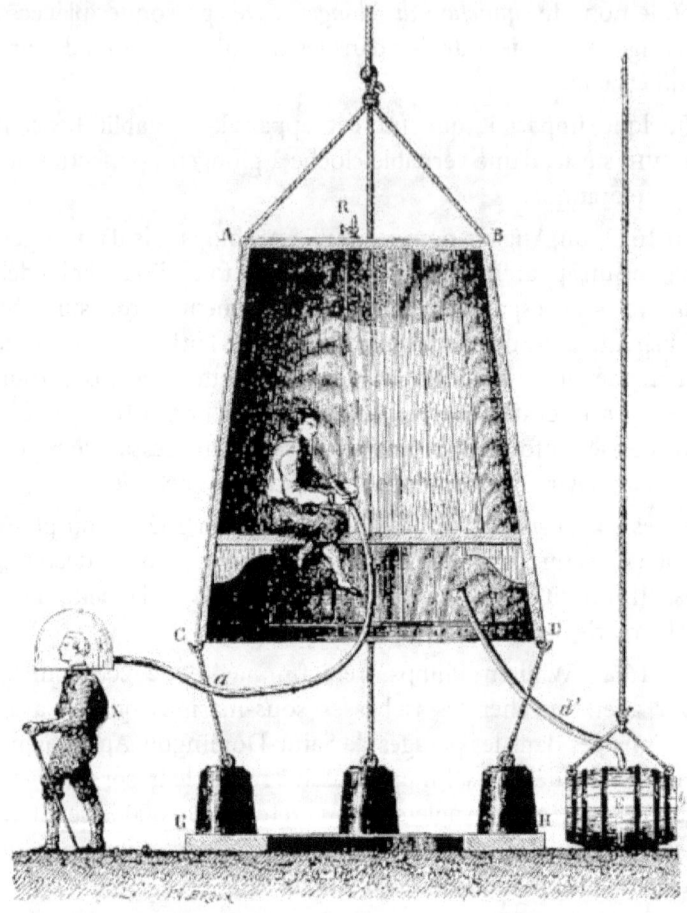

Fig. 397. — Cloche de Halley.

La cloche ABCD a la forme d'un cône tronqué. Elle est en bois et recouverte d'un manteau de plomb assez lourd pour l'entraîner au fond de l'eau. À la partie supérieure, AB, se trouve encastré un verre épais, par lequel arrive la lumière. En R est un robinet

Louis Figuier

qui sert à expulser de temps en temps l'air vicié. Au-dessous de la cloche est une plateforme, GH, suspendue au moyen de trois cordes tendues par des poids G, H. C'est sur cette plate-forme que se tient le plongeur pour travailler, lorsqu'il est parvenu sur le bas-fond.

Le renouvellement de l'air est obtenu à l'aide d'un baril, E, doublé de plomb, que l'on fait descendre à côté de la cloche, et que l'on remplace par un autre, quand son contenu est épuisé. Ce baril est rempli d'air comprimé. Il est percé de deux ouvertures, l'une en haut, l'autre en bas. À celle du haut est adapté un tuyau, de cuir flexible, garni intérieurement d'une spirale métallique, qui a pour mission de réagir contre la pression de l'eau. L'ouverture du bas n'est point bouchée ; néanmoins l'eau ne pénètre pas dans le baril, parce qu'il renferme de l'air fortement comprimé, et dont la pression est supérieure à celle qu'exerce l'eau dans laquelle le baril est immergé : le liquide, exerçant une pression plus faible que celle de l'air comprimé contenu dans le baril, ne peut forcer l'air à s'échapper pour prendre sa place.

Lorsqu'un des barils est arrivé à la hauteur de la cloche, le plongeur, qui se tient debout sur la plate-forme, saisit le bout du tuyau, l'introduit sous la cloche et ouvre un robinet qui termine ce même tuyau. L'eau fait alors irruption dans le baril par l'orifice inférieur et chasse dans la cloche l'air qu'il contient.

On comprend aisément pourquoi l'eau ne pénètre pas dans la cloche : c'est le même motif qui s'oppose à son introduction dans le baril pendant le trajet du rivage à l'appareil. La colonne d'eau qui presse sur la cloche a moins de pression que l'air comprimé qui remplit cette cloche, et dès lors elle ne peut s'introduire dans cet espace.

L'air expiré par les personnes qui séjournent dans la cloche, étant plus chaud, et par conséquent plus léger que le reste de l'air, gagne le sommet du récipient ; et lorsqu'on ouvre le robinet R, il s'échappe avec une telle impétuosité, que la surface de la mer se couvre d'écume.

À mesure que chaque baril se vide d'air comprimé, qui passe dans la cloche, on le remplace par un autre, et ainsi de suite.

En 1721, Halley expérimenta lui-même son appareil. Il descendit, avec quatre personnes, à une dizaine de mètres sous l'eau, et il y resta environ une heure et demie. Pour descendre, il fallut introduire dans la cloche, sept à huit barils d'air comprimé. Une fois arrivé au fond, l'expérimentateur s'attacha à faire sortir par le robinet d'expulsion, une quantité d'air équivalente à celle qui était fournie par chaque baril.

Le plongeur ainsi confiné sur la plateforme de la cloche, ne pouvait travailler que dans un bien petit rayon. Pour permettre au plongeur de s'éloigner de l'appareil, Halley imagina la disposition que représente une partie de la figure 397.

Le plongeur X porte sur ses épaules une petite cloche ou chapeau, en tôle, reliée à l'intérieur de la grande cloche par un tube flexible, *a*, de longueur variable, que tient à la main, un autre homme resté dans la cloche. Celui qui en sort est lesté de plomb, afin d'opposer, par son poids, une résistance suffisante à la poussée de l'eau.

Cette disposition, hâtons-nous de le dire, était très-défectueuse et très-dangereuse. L'homme ne pouvait accomplir aucun travail utile, vu l'obligation qui lui était imposée de tenir toujours la tête parfaitement horizontale. S'il l'inclinait à droite ou à gauche, l'eau pénétrait dans le chapeau en tôle, et asphyxiait le malheureux. Cette combinaison était donc excessivement imparfaite.

Un ingénieur suédois, nommé Triewald, modifia légèrement l'appareil de Halley. Il suspendit la plate-forme à une telle distance de la cloche, que la tête du plongeur pût surgir immédiatement au-dessus du niveau de l'eau, où l'air est plus frais qu'à la partie supérieure du récipient. L'appareil était en cuivre étamé intérieurement. Il recevait la lumière par deux lentilles de verre encastrées sur ses côtés, et descendait au moyen de poids accrochés sous ses bords.

La cloche de Halley présentait un grave inconvénient. Comme elle était très-lourde, et par conséquent fort difficile à manœuvrer, il suffisait du moindre dérangement dans l'un quelconque de ses organes, pour mettre la vie des plongeurs en danger, car il fallait un temps assez long pour la remonter.

Pour faire disparaître ce défaut, Spalding, d'Edimbourg, supprima l'armature métallique de la cloche, qu'il construisit tout en bois.

Louis Figuier

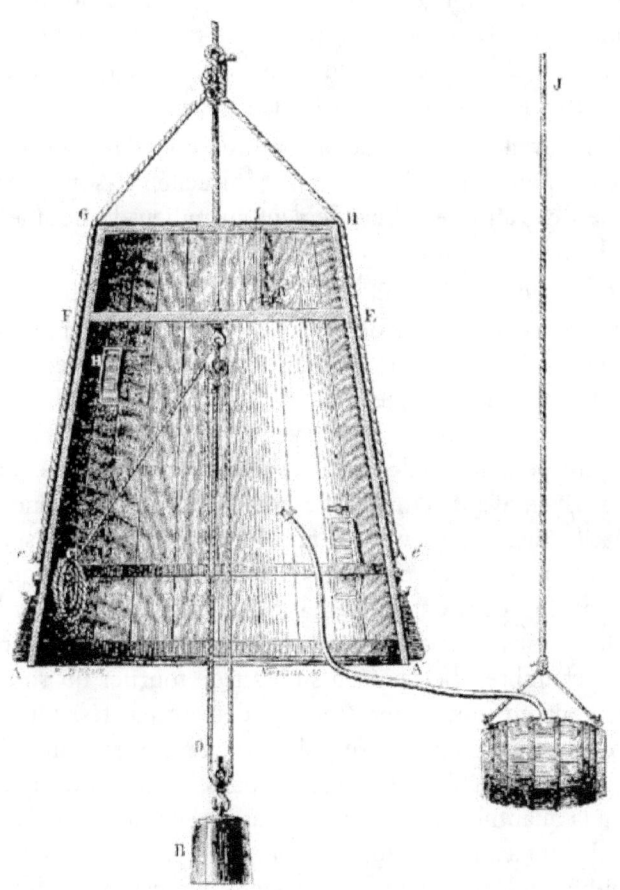

Fig. 398. — Cloche de Spalding.

La figure 398 représente la cloche de Spalding. Pour faire descendre l'appareil, il attacha à sa partie inférieure, deux poids, A, A', retenus par les crochets *e, e'* Un troisième poids, B, était suspendu au centre de la cloche, et pouvait s'élever et s'abaisser à volonté, au moyen d'une poulie à moufle, C. Le plongeur agissait lui-même sur ce poids, en tirant la corde, D, qui le supportait. Lorsqu'on laissait tomber ce poids jusqu'au fond de l'eau, la cloche, devenue plus légère, remontait automatiquement ; dans le cas contraire, elle s'abaissait. En laissant filer la corde d'une quantité

CHAPITRE II.

convenable, le plongeur pouvait donc se transporter à telle profondeur qu'il désirait, et l'appareil se trouvait en équilibre au milieu de l'eau, dans des conditions de stabilité qui manquaient complètement à l'ancienne cloche de Halley.

Spalding avait compris que la rupture de la corde, ou un autre accident, pourrait enlever toute efficacité à son ingénieux système d'élévation et d'abaissement au milieu du liquide. Aussi avait-il adjoint aux organes qui viennent d'être décrits, une autre disposition, destinée à suppléer à la première, en cas de malheur.

La cloche était divisée en deux parties, par un plancher horizontal, EF, qui formait une chambre GHEF, indépendante de celle du bas. Une ouverture, I, pratiquée à la partie supérieure de la première chambre, laissait entrer l'eau dans cette chambre GHEF, mais seulement pendant la descente, et l'air intérieur était expulsé au dehors. L'eau, ayant rempli cette chambre, faisait descendre tout l'appareil. Mais on pouvait le faire remonter par la disposition inverse, c'est-à-dire en chassant l'eau de cette cavité au moyen de l'air comprimé qui existait dans la chambre inférieure EFAA'. Pour introduire dans cette chambre supérieure l'air comprimé contenu dans la chambre inférieure, il suffisait de tourner un robinet R, qui mettait en communication les deux capacités. Ouvrait-on le robinet, l'air comprimé se précipitait de bas en haut, chassait en tout ou en partie l'eau contenue dans la chambre supérieure, suivant la quantité qu'on en laissait passer, et rendait la cloche plus légère de tout le poids de l'eau déplacée. On pouvait ainsi diminuer la rapidité de la descente, ou s'arrêtera une certaine hauteur, ou bien remonter à la surface, en variant avec discernement l'afflux d'air de la base vers le sommet.

Une fenêtre vitrée, H, éclairait l'intérieur de la cloche.

Grâce à ces modifications, la cloche à plongeur acquit une grande facilité d'évolution. Pour la déplacer sous l'eau, il suffisait de quelques hommes placés dans une barque et qui la poussaient avec la main.

Spalding, l'inventeur de ce perfectionnement de la cloche de Halley, finit tristement au sein même de sa machine. Étant descendu dans la mer, en 1785, pour recueillir les épaves d'un vaisseau naufragé sur les côtes d'Irlande, il souffrit du manque

Louis Figuier

d'air, et en revenant à la surface de l'eau, il fut frappé d'une attaque d'apoplexie, à laquelle il succomba.

En 1786, l'ingénieur Smeaton, qui s'était rendu célèbre, en Angleterre, par la construction du phare d'Eddystone, perfectionna beaucoup la cloche à plongeur, en remplaçant les barils pleins d'air comprimé, dont on faisait usage depuis Halley, par une pompe foulante, qui envoyait dans la cloche, avec régularité, l'air nécessaire à la respiration des plongeurs. Les hommes furent dès lors débarrassés de la nécessité de pourvoir eux-mêmes à leur provision d'air ; la pompe se chargea de cet office.

Smeaton construisit la cloche à plongeur en fonte, et appliqua le premier cet appareil aux constructions sous-marines.

Vers 1812, un autre ingénieur anglais, Rennie, apporta dans la construction et la manœuvre de la cloche, quelques perfectionnements, qui lui donnèrent sa physionomie définitive. Il rejeta la forme de cône tronqué, pour adopter celle de parallélipipède, qui lui parut plus convenable. Mettant à profit l'idée de Smeaton, il s'en tint à l'emploi exclusif de la fonte, dont il calcula l'épaisseur de telle sorte que la machine pût s'enfoncer sans l'aide d'aucun poids additionnel. Enfin il imagina un appareil pour transporter facilement la cloche dans tous les sens, sans la retirer de l'eau. Cet appareil consistait en une plate-forme mobile sur deux rails de fer par l'intermédiaire de quatre roues. Les rails étaient fixés sur une autre plate-forme, également mobile, mais dans une direction perpendiculaire à la première. Sur la plate-forme supérieure s'élevait une potence, terminée par une poulie qui recevait la chaîne de suspension de la cloche.

D'après cet exposé historique, on voit que la cloche à plongeur est presque tout entière l'œuvre des Anglais. On ne doit point s'en étonner, si l'on songe à la position de l'Angleterre au milieu de l'Océan, ainsi qu'à l'importance du rôle de la marine chez cette nation. Dans un pays que tant d'intérêts attachent aux choses de la mer, les services que peut rendre la cloche à plongeur devaient être vivement appréciés. Aussi, dès que cet appareil fut suffisamment perfectionné, reçut-il en Angleterre des applications assez nombreuses.

Pour connaître les faits et gestes du plongeur à la cloche, —

CHAPITRE II.

profession qui ne tardera pas à disparaître, — nous résumerons quelques pages d'un article intéressant sur les *Plongeurs à la cloche*, que l'on trouve dans un récent ouvrage de M. Alphonse Esquiros, *l'Angleterre et la Vie anglaise*.[1]

M. Esquiros a vu fonctionner la cloche à plongeur dans les eaux de Plymouth, où quelques ouvriers travaillaient encore, il y a quelques années, à la construction d'un brise-lame. Un vieux bâtiment démâté, recouvert d'une espèce de toit, servait de demeure à ces hommes-poissons. Au-dessus de la mer s'élevait un échafaudage, appuyé sur deux grosses poutres, dont la base s'enfonçait sous les vagues. Cet échafaudage supportait, outre la pompe à air, manœuvrée par quatre hommes, l'appareil destiné à déplacer la cloche, verticalement ou latéralement.

Le moment étant venu, dit M. Esquiros de ramener les travailleurs au grand jour, le contre-maître donna le signal de remonter l'appareil. Aussitôt les chaînes s'enroulèrent sur le cabestan, et la cloche, s'élevant avec une solennelle lenteur, apparut à la surface, au-dessus de laquelle elle resta suspendue à une distance d'un diamètre environ. Un petit bateau, mené par un rameur, se glissa alors sous la boîte de fonte, et recueillit les hommes qu'elle contenait. Ces ouvriers, chaussés de grandes bottes molles, étaient mouillés jusqu'à mi-corps et couverts de boue ; ils semblaient fatigués, et une vive coloration marquait, chez eux, les pommettes et le tour du front. Pendant six heures consécutives, ils avaient vécu sous l'eau, et ils venaient prendre leur repas.

Au bout d'une heure, ils se disposèrent à redescendre. La même barque qui les avait amenés vers le ponton, les reconduisit au-dessous de la cloche, toujours suspendue entre le ciel et l'eau. L'un après l'autre, ils descendirent dans la cloche, en s'aidant d'un anneau de fer fixé au plafond, et s'assirent sur des bancs de bois placés à une certaine hauteur le long des parois. Ceci fait, le bateau s'éloigna, et le signal de la descente fut donné. La cloche commença alors à s'abaisser lentement, bien lentement, condition essentielle pour que la pression exercée sur les organes respiratoires des plongeurs, augmente graduellement et non d'un brusque saut, ce qui provoquerait mort d'homme. Elle gardait en même temps une verticalité parfaite, condition également indispensable pour que

[1] 1 vol. in-12. Paris, 1869, pages 188-192.

Louis Figuier

l'eau ne pénètre pas à l'intérieur. Elle arriva ainsi sans encombre au fond de la mer.

Les habitants de la cloche dépendant absolument et uniquement de leurs collègues d'en haut, il faut qu'ils puissent communiquer avec la surface, pour indiquer leurs désirs. De là un certain nombre de signaux de différentes sortes. Le plus usité est celui qui consiste à frapper un ou plusieurs coups, sur les parois du récipient, à l'aide d'un marteau qui est suspendu par une corde à portée des travailleurs. L'eau conduit très-bien le son ; aussi les signaux de cette nature sont-ils parfaitement distincts pour les hommes du dehors, tandis que les plongeurs n'en perçoivent aucun. Le sens du signal varie selon le nombre de coups. Un seul coup veut dire : « Plus d'air ! » ou « Pompez plus fort. » Deux coups signifient : « Tenez ferme ! » trois coups : « Hissez ! » quatre coups : « Abaissez ! » etc.

Une corde qui relie la cloche à l'extérieur, et de petites bouées qu'on envoie à la surface et qui contiennent des messages écrits, sont des moyens de correspondance également employés. Les plongeurs s'en servent quelquefois pour se distraire, « *Nos compliments à nos amis d'au-dessus de l'eau,* » tel était, dit M. Esquiros, le texte d'un de ces messages, auquel il fut répondu en moins de trois minutes : « *Santé et prospérité aux gentlemen habitant la région des poissons !* » On écrit la dépêche soit sur un morceau de papier à la plume, soit sur une planche avec la craie.

La lumière du soleil pénètre dans l'intérieur de la cloche, par une douzaine d'épaisses lentilles, encastrées dans des cercles de cuivre, et protégées, dans certains cas, contre les chocs par un treillis en fer, La clarté est, d'ailleurs, plus ou moins vive, suivant la profondeur à laquelle on descend et suivant la limpidité de l'eau. En général, on voit assez clair au sein de l'appareil pour y pouvoir lire un journal imprimé en petit texte. On a même conservé le souvenir d'une lady qui écrivit une lettre, et la data ainsi : « 16 juin 18.., du fond de la mer. » Les plongeurs, émerveillés, lui décernèrent le titre de *Diving-belle* (la belle plongeuse), expression qui cache un jeu de mots résultant de ce que la cloche à plongeur se dit en anglais *Diving-bell*.[1]

On pourrait croire que la profession de plongeur rémunère

---

1 *L'Angleterre et la Vie anglaise*, p. 193.

CHAPITRE II.

assez largement celui qui l'exerce pour qu'il consente à affronter des dangers, heureusement rares, mais terribles. Il n'en est rien. Les ouvriers que M. Esquiros a vus à Plymouth, ne gagnaient pas plus de 20 à 25 shillings par semaine, soit 25 francs 30 centimes à 31 francs 60 centimes ; encore y avait-il des moments où ils ne pouvaient travailler, par exemple lorsque la mer était très-houleuse. En été, ils faisaient quotidiennement sous l'eau, deux séances, de cinq heures chacune, et ils ne s'en trouvaient point incommodés ; ils y prenaient au contraire, un grand appétit.

Les plongeurs novices ressentent ordinairement de violents maux de tête et des bourdonnements d'oreilles ; mais ces effets disparaissent après la seconde ou la troisième descente. Les hommes vieillis dans le métier assurent même que, bien loin de nuire à la délicatesse de l'ouïe, l'air comprimé constitue un remède excellent contre la surdité. Les seules infirmités auxquelles soient exposés les plongeurs, sont celles qui doivent résulter de leur piétinement continuel dans l'eau et la vase.

CHAPITRE III

LES SCAPHANDRES. — APPAREIL DE LETHBRIDGE. — L'HOMME BATEAU DE L'ABBÉ DE LACHAPELLE. — SCAPHANDRES DE KLINGERT, DE SIEBE ET DE CABIROL, — LE SCAPHANDRE EN AMÉRIQUE. — L'EXPLORATEUR JOBARD. — SIGNAUX A L'USAGE DES SCAPHANDRIERS. — ÉCLAIRAGE SOUS-MARIN. — CE QUE RESSENT UN AMATEUR DESCENDANT AU FOND DE L'EAU REVÊTU DU SCAPHANDRE.

Certes, la cloche à plongeur a rendu des services, et elle en rendra peut-être encore dans des cas déterminés ; mais qui ne voit les inconvénients d'un tel appareil ? Enfermé dans une étroite prison, l'ouvrier sous-marin doit borner ses investigations à un espace très-restreint. Il ne peut se transporter librement dans tous les sens. Enfin, déplacer la lourde machine, est toute une affaire, en raison de la difficulté qu'on trouve à l'amener juste au point désiré.

Il est donc naturel qu'on ait cherché à construire un appareil moins embarrassant que la cloche, et qui laissât au plongeur une

Louis Figuier

plus grande liberté d'allures. Des efforts qui furent tentés, dans cette direction, à différentes époques, sortit le *scaphandre*.

À qui faut-il attribuer le mérite de l'invention du scaphandre ? C'est ce qu'on ne saurait établir d'une manière précise. En 1721, un certain John Lethbridge imagine un appareil en forme de tonneau, avec deux trous pour passer les bras, et un œil de verre pour voir dans l'eau. Cette sorte de vêtement était fort incommode, vu l'obligation où se trouvait le plongeur de se coucher sur la poitrine, pour travailler, et la nécessité de le remonter fréquemment à la surface, pour qu'il pût absorber de l'air frais.

Après l'appareil de Lethbridge, il faut en citer plusieurs autres, qui avaient plutôt pour but de soutenir l'homme sur l'eau, que de lui ouvrir les profondeurs sous-marines. C'est dans cette catégorie qu'il faut ranger le scaphandre (du grec σκάφος, bateau, ανήρ, ἀνδρός, homme), qui fut inventé vers 1769, par un Français, l'abbé de Lachapelle.

L'appareil de l'abbé de Lachapelle n'était, à proprement parler, qu'une ceinture de sauvetage. Il consistait en un gilet de coutil ou de toile, fait en gros chanvre doublé de liège, avec deux échancrures pour les bras. L'inventeur y voyait le moyen de soustraire à la mort beaucoup de victimes des naufrages, parce qu'il permettrait au premier venu de se soutenir sur l'eau, en y plongeant jusqu'aux aisselles.

L'abbé de Lachapelle avait trouvé une autre application assez singulière du scaphandre. Il proposait aux officiers du génie militaire, de le revêtir, pour aller reconnaître les places fortes entourées de fossés. Dans ce cas, le plastron de liège aurait servi, non-seulement comme engin de natation, mais encore comme moyen de défense, en amortissant les coups de sabre ou de fusil. Naïf abbé ! L'inventeur complétait cet équipage protecteur par un casque en liège recouvert de fer-blanc, dans lequel on déposait des munitions.

Là ne se bornaient pas les applications de cet appareil à mille fins. Dans l'ouvrage qu'il publia sur ce sujet, *le Scaphandre*, Lachapelle ajoute que son appareil peut également être utilisé « pour l'amusement de l'un et de l'autre sexe, pour la santé des hommes et des femmes, pour la chasse et la pêche, pour apprendre à nager

CHAPITRE III

tout seul, etc. »

C'était s'exagérer beaucoup la portée de son invention ; mais combien sont excusables les élans de l'imagination chez un homme de bien, qui ne se propose que d'être utile à ses semblables !

Certains auteurs ont voulu voir dans le plastron en liège de l'abbé de Lachapelle, et sa ceinture de sauvetage, le germe du scaphandre actuel, et ils n'hésitent pas à déclarer qu'on doit à cet excellent homme une grande reconnaissance pour avoir, le premier, abordé un ordre d'idées qui devaient conduire aux plus brillants résultats. Malgré toute notre bonne volonté, nous ne saurions souscrire à ce jugement. L'abbé de Lachapelle a inventé le nom de *scaphandre*, c'est quelque chose, mais c'est là tout ce qu'on peut lui accorder. Qu'y a-t-il de commun, en effet, entre la ceinture de sauvetage de l'abbé de Lachapelle et le scaphandre de nos jours ? L'une sert à se soutenir à la surface de l'eau, l'autre à plonger dans ses profondeurs. Dans l'appareil moderne, l'air comprimé joue le rôle principal ; dans la ceinture de sauvetage de l'abbé, il n'est aucunement question d'air comprimé. Cela se conçoit, puisque l'homme qui en est revêtu respire tout à son aise, à l'air libre.

Le premier appareil qui constitue un essai dans la direction du *scaphandre* proprement dit, date de l'année 1797. Il fut inventé en Allemagne, par un certain Klingert, de Breslau.

Il se composait (fig. 399), d'un épais cylindre en fer-blanc, arrondi en dôme au sommet, qui recouvrait complètement la tête et le torse du plongeur, sauf les bras, qui sortaient par des ouvertures. Une jaquette à manches s'arrêtant aux coudes et un caleçon de cuir, descendant jusqu'aux genoux, protégeaient contre la pression de l'eau, les quatre membres du plongeur, à l'exception des jambes et des avant-bras, qui, jusqu'à la profondeur de 6 ou 7 mètres, peuvent parfaitement supporter cette pression. Toutes les pièces de l'appareil étaient imperméables, et les joints, faits avec soin, empêchaient l'irruption du liquide. Deux trous, B, garnis de verres et percés à la hauteur des yeux, donnaient accès à la lumière. Un peu au-dessous, c'est-à-dire en C, venait aboutir un tuyau, communiquant avec l'extérieur, et par lequel arrivait l'air frais au moyen du tube *a*, tandis que par un autre tuyau, *d*, l'air vicié était expulsé. Une sorte de réservoir, D, recevait l'eau qui, à la longue, s'introduisait dans ce tuyau, et aurait nui à la respiration. Enfin deux poids en plomb, E, E, suspendus au cylindre contre les hanches du plongeur, le mettaient dans un état d'équilibre stable.

Fig. 399. — Appareil de Klingert.

CHAPITRE III

Le 23 juin 1797, en présence d'un grand nombre de curieux, un certain Frédéric-Guillaume Joachim, se jeta dans l'Oder, revêtu de cet appareil, et alla scier un tronc d'arbre au fond du fleuve.

Il suffit d'examiner un instant le dessin que nous donnons du scaphandre de Klingert, pour se rendre compte des imperfections d'un semblable attirail et du peu de secours qu'on en pouvait tirer pour séjourner au fond de l'eau. Cette invention ne fit donc pas fortune ; seulement elle mit sur la voie des expériences et des tentatives pratiques.

Après les essais du docteur Mhurr, en France, il faut arriver jusqu'en 1829 pour trouver un scaphandre susceptible de rendre de véritables services. C'est celui que construisit M. Siebe, de Londres.

Jusqu'en 1857, M. Siebe jouit du privilège de fournir des appareils plongeurs à la marine militaire française ; mais à cette époque, un de nos compatriotes, M. Cabirol, fit accepter le scaphandre qui porte son nom et qui était déjà connu par d'honorables succès.

L'appareil de M. Cabirol ne différant pas essentiellement de celui de M. Siebe, il nous paraît inutile de décrire l'appareil anglais qui l'a précédé, et nous arriverons tout de suite au scaphandre français, qui a sur l'appareil similaire anglais, l'avantage de perfectionnements utiles et méritoires.

Le *scaphandre Cabirol* se compose de deux parties essentielles : 1° l'ensemble d'objets destinés à revêtir le plongeur, 2° la pompe chargée de lui envoyer l'air nécessaire à sa respiration.

La première partie comprend, d'une part le casque et la pèlerine de métal, qui lui fait suite, ; d'autre part le vêtement imperméable.

Le casque (*fig.* 400) est en cuivre étamé. Il porte quatre lunettes en verre à la partie antérieure : l'une au milieu, deux par côté et la quatrième en haut. Ces diverses fenêtres sont protégées contre les chocs par un fort treillis en fil de cuivre. À l'arrière vient aboutir le tuyau de conduite d'air, A, En face, de l'autre côté, se trouve placée la soupape, B, qui donne issue à l'air expiré et à celui fourni en excès par la pompe. Cette soupape repose sur son siège au moyen d'un ressort à boudin ; le plongeur a la faculté de l'ouvrir plus ou moins, au moyen de la manivelle *m*, de manière à emmagasiner dans le casque et le vêtement une quantité d'air plus ou moins grande, selon ses besoins.

Louis Figuier

Fig. 400. — Casque du scaphandrier.

Il peut se faire cependant que l'air subsiste encore en trop grande abondance, quoique la soupape soit complètement ouverte. C'est pourquoi le robinet *m* placé sur le devant du casque, vis-à-vis de la bouche du plongeur, permet à celui-ci d'en laisser évacuer le volume qui lui convient. Ce robinet est utile dans un grand nombre de circonstances. Si le plongeur, par exemple, veut remonter rapidement à la surface, il diminue l'ouverture de la soupape et ferme entièrement le robinet ; son vêtement se gonfle, et il s'élève immédiatement, parce qu'il déplace un volume d'eau plus lourd que son propre poids. Si, au contraire, il est entraîné vers le haut malgré lui, en raison d'un afflux trop grand de fluide respirable, il lui suffit d'ouvrir le robinet pour reprendre son aplomb au fond de l'eau.

CHAPITRE III

La pèlerine est munie de crochets *a, b*, destinés à suspendre les poids nécessaires à la stabilité du plongeur. Elle se termine à la partie supérieure, par quelques filets de vis, qui s'engagent dans la partie inférieure du casque ; et pour qu'il ne puisse y avoir disjonction entre ces deux pièces, dans le cas où le casque se dévisserait, deux petites pattes sont fixées de part et d'autre, portant des trous qui se correspondent lorsque le casque est bien vissé, et dans lesquels on introduit des chevilles en cuivre qui s'opposent à toute séparation.

Fait soit de coton croisé, soit de forte toile doublée d'une couche épaisse de caoutchouc, le vêtement est d'une seule pièce depuis le haut jusqu'en bas. Il s'attache à la pèlerine de métal au moyen d'un morceau de cuir percé de trous, dans lesquels passent des broches en cuivre qui s'engagent, en outre, dans des brides ou segments de même métal ; le tout est serré fortement par des écrous. Des manchettes et des lanières en caoutchouc vulcanisé, ferment hermétiquement le vêtement aux poignets.

L'accoutrement est complété par une paire de brodequins à semelles de plomb, et par une ceinture de cuir portant un fourreau en cuivre, dans lequel se place un poignard, arme ou outil indispensable au plongeur pour trancher ce qui pourrait faire obstacle à ses mouvements, et au besoin, pour le défendre contre les agressions de quelque vorace habitant des mers.

C'est également à la ceinture que s'attache la corde par laquelle le plongeur communique avec la surface de l'eau.

Les figures 401 et 402 représentent un plongeur revêtu du scaphandre Cabirol. La légende qui accompagne cette figure explique l'usage de chaque partie de l'appareil.

Louis Figuier

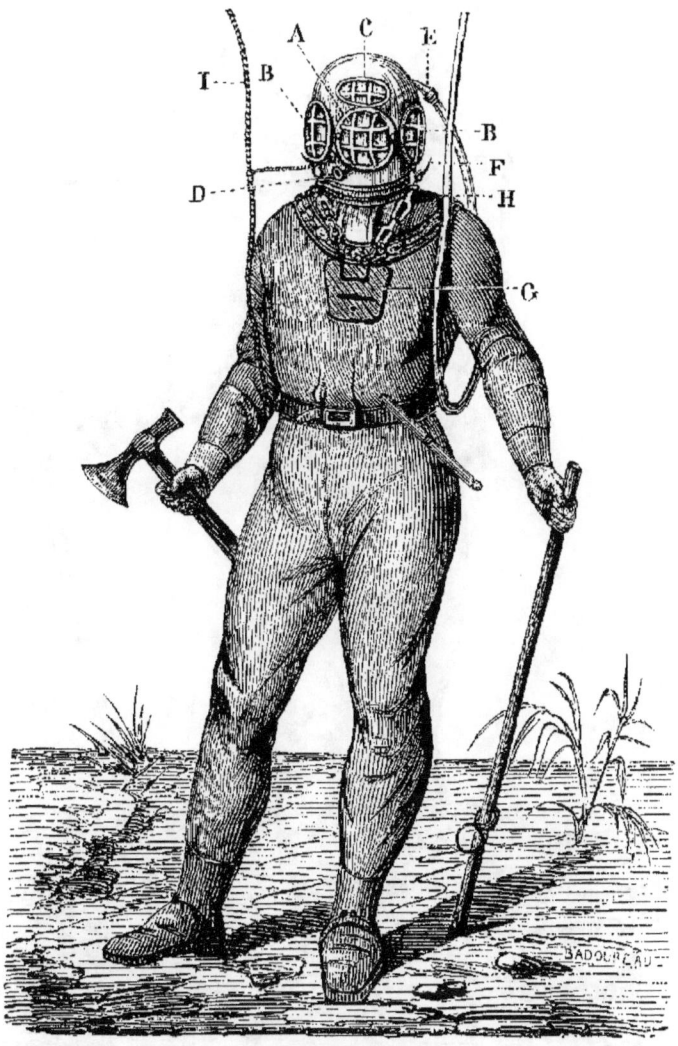

Fig. 401. — Plongeur revêtu de l'appareil Cabirol, vu de face.

A, lunette du milieu mobile ; B, B, lunette de côté ; C, lunette frontale ; E, prise d'air de la pompe au casque ; D, robinet de secours ; F, tube à air ; G, plastron en plomb ; H, collerette en cuivre ; I, corde des signaux.

CHAPITRE III

Fig. 402. — Plongeur revêtu de l'appareil Cabirol, vu de dos.

F. tuyeau de prise d'air ; G, plastron en plomb ; J, soupape d'échappement d'air ; I, corde des signaux.

Louis Figuier

Le vêtement imperméable ne dispense pas l'ouvrier sous-marin d'un second costume, appliqué immédiatement sur la peau. Un bonnet, un caleçon, un gilet, des chaussettes de laine, lui sont tout à fait nécessaires pour absorber la sueur due à la transpiration, et qui, sans cette précaution, se refroidirait sur le corps, au grand préjudice de sa santé et du travail qu'il exécute.

Parmi les accessoires du vêtement, on peut ranger un coussin rembourré qui se place sur les épaules et qui a pour but de rendre la pèlerine moins gênante sur le dos, ainsi que des *ouvre-manchettes* en cuivre, qui sont fort utiles au plongeur pour s'habiller ou se déshabiller.

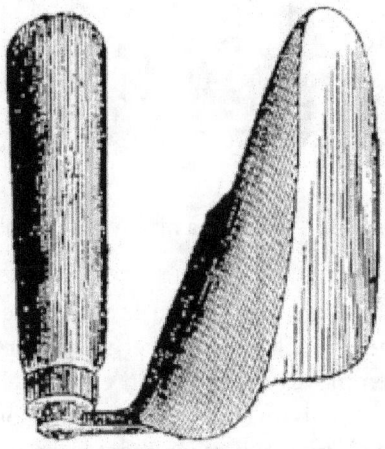

Fig. 403. — Ouvre-manchettes.

La figure 403 représente un *ouvre-manchettes*. Cet instrument a pour objet de maintenir la manche ouverte pendant que le plongeur revêt son habit imperméable. Deux ouvre-manchettes juxtaposés, et tenus par un aide, sont nécessaires pour permettre au bras du plongeur de passer malgré le fort retrait du caoutchouc. Le poing une fois passé, les ouvre-manchettes sont retirés.

Passons maintenant à la pompe atmosphérique destinée à envoyer au plongeur, pendant son séjour sous l'eau, l'air nécessaire à sa respiration, La figure 404 représente cette pompe.

CHAPITRE III

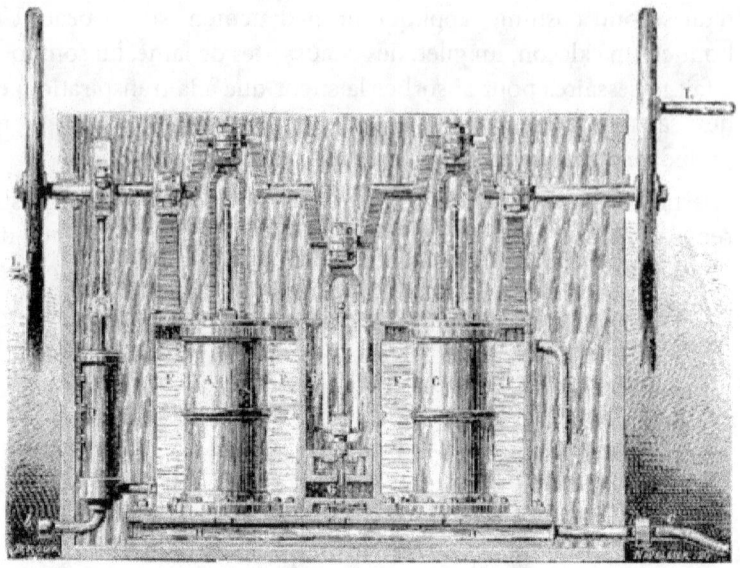

Fig. 404. — Pompe à air (système Cabirol).

L'appareil se compose, comme on le voit, de quatre cylindres : trois d'un même diamètre A, B, C et un plus petit, D. Les trois premiers sont employés à l'aspiration et au refoulement de l'air. Leurs pistons, en cuivre et garnis de cuir, sont menés par le même arbre, ils alternent régulièrement dans leurs mouvements d'ascension et de descente. L'intérieur de l'un de ces cylindres est mis à découvert dans la figure 404, afin de montrer la disposition des soupapes et du piston.

B est la tige qui conduit le piston, P ce piston. L'air, aspiré par le haut du cylindre au moyen des soupapes E, G, placées sous le piston, est refoulé dans un conduit commun HH, par les soupapes situées au fond des corps de pompe. Sur ce conduit se visse le tube qui va rejoindre le plongeur, tube que l'on a protégé très-soigneusement contre toutes les chances d'aplatissement ou de déchirement.

Le quatrième corps de pompe, D, a pour mission d'aspirer de l'eau froide dans la rivière ou un cours d'eau quelconque et de l'envoyer dans le bassin F, F, F, F, qui entoure les trois corps de pompe à air.

Louis Figuier

On cherche ainsi à empêcher l'air refoulé de s'échauffer, lorsqu'on en vient à le comprimer à plusieurs atmosphères ; mais ce résultat n'est souvent qu'imparfaitement atteint.

Le scaphandre Cabirol, malgré des défauts que nous aurons occasion de signaler plus loin, a constitué un progrès important dans l'art de séjourner sous l'eau. Depuis l'année 1857, il a été le seul employé dans la série des travaux sous-marins exécutés en France. Il fut l'objet à l'Exposition universelle de Londres, en 1862, d'une distinction ainsi justifiée par le rapport du jury international : « Pour perfectionnement et économie. » Il faut aussi reconnaître que M. Cabirol a largement contribué à la vulgarisation du scaphandre dans toutes les parties du monde.

Les appareils plongeurs américains diffèrent peu de ceux usités en France et en Angleterre. Nous dirons cependant quelques mots de celui qu'avait envoyé à l'Exposition universelle, en 1867, la *Compagnie sous-marine* de New-York, parce qu'il constitue une transition assez heureuse entre le scaphandre Cabirol et le scaphandre Rouquayrol-Denayrousse, le dernier venu.

Fig. 405. — Scaphandre américain.

CHAPITRE III

Le scaphandre américain (*fig.* 405) comprend, comme celui de M. Cabirol, un casque métallique et un vêtement imperméable. Le plongeur porte, en outre, sur le dos, un réservoir, A, rempli d'air comprimé à 17 atmosphères ; c'est-à-dire en quantité suffisante pour faire respirer pendant trois heures un homme descendu à la profondeur de 20 mètres. Ce réservoir, A, en métal comme le casque, est mis en communication avec celui-ci par un tuyau, B, muni d'une soupape. L'air expiré est évacué au dehors par le tuyau C. Deux petites bouées en caoutchouc, D, D, sont reliées au réservoir A, par le tuyau E et la soupape H. Elles ont pour but de faire remonter le plongeur lorsque celui-ci les ayant remplies d'air emprunté au réservoir A, a augmenté leur volume, et déplacé ainsi une certaine quantité d'eau qui le rend plus léger. Ces espèces de vessies laissent dégager, quand on le veut, l'air comprimé qu'elles renferment, au moyen du tube O, terminé par une soupape, ou robinet, K, que le plongeur ouvre ou ferme à volonté.

Pour les grandes profondeurs, l'appareil est complété par un *protecteur extérieur*, consistant en une série d'anneaux en bois, au nombre de trente-cinq, articulés les uns avec les autres, et qui composent une espèce de cuirasse en bois placée au devant du vêtement imperméable. Ce protecteur, qui n'est pas représenté sur la figure ci-jointe, annule les mauvais effets de la pression directe de l'eau sur le corps, et donne au plongeur une plus grande liberté de mouvements.

On voit que, dans ce système, le travailleur sous-marin porte avec lui sa provision d'air, qu'aucune pompe atmosphérique ne lui envoie, comme dans les appareils Siebe et Cabirol, le fluide respirable. Le plongeur est complètement indépendant de ce qui se passe à la surface. C'est là un avantage ou un inconvénient selon le point de vue auquel on se place. Mais ce qui est certain, c'est que la pression de l'air contenu dans le réservoir, ne peut varier d'elle-même, avec la profondeur et dans la proportion voulue. Tel est le perfectionnement capital qu'ont réalisé dans le scaphandre, MM. Rouquayrol et Denayrouse.

Avant de parler en détail de ce nouvel appareil, dernier perfectionnement réalisé dans l'art de plonger, nous dirons un mot d'une machine bizarre, qui fut proposée en 1855, par Jobard, de Bruxelles, pour l'exploration du lit des rivières, des fleuves et des mers et qui nous paraît une réminiscence de l'appareil de John Lethbridge, dont nous avons parlé dans le troisième chapitre de cette Notice. L'inventeur le désignait sous le nom d'*explorateur sous-marin*.

Cet *explorateur* n'est ni une cloche à plongeur, ni un scaphandre. Il n'a rien de commun avec les appareils que nous avons passés en revue, ou qu'il nous reste à décrire, et si nous le signalons, c'est plutôt à titre de curiosité qu'à cause des services qu'il peut rendre, car il est conçu en dehors de toute idée pratique.

Fig. 406. — Explorateur sous-marin de Jobard.

Il consiste (*fig.* 406) en un long tuyau de tôle, que termine une chambre en fonte, assez grande pour loger un homme couché à plat ventre sur un matelas, et suffisamment lourde pour se maintenir au fond de l'eau. La partie supérieure de ce tuyau est fixée au bordage d'une barque, et communique librement avec l'air extérieur. L'homme étendu sur le matelas, se trouve donc

CHAPITRE III

comme au fond d'un puits. Il ne perd jamais le ciel de vue, et n'a rien à craindre de la pression de l'eau, à quelque profondeur qu'il descende. Il passe ses bras dans des manches en caoutchouc, terminées par des mitaines, et garnies intérieurement d'anneaux métalliques, pour protéger ses membres contre la pression de l'eau. Il regarde autour de lui à travers d'épaisses lunettes, et fait main basse sur les objets qui lui paraissent bons à prendre. Du fond de son habitation, il commande aux matelots placés dans la barque, de le transporter dans telle ou telle direction. Une collection de crochets et autres engins préhensiles, est appendue au dehors du tube, à portée du plongeur ; celui-ci y attache tout ce qu'il recueille, et le butin est enlevé par les gens de l'embarcation. L'air se renouvelle constamment, grâce à un petit tuyau qui monte jusqu'au sommet du tube, et qui forme comme la cheminée d'une lampe destinée à l'éclairage des eaux troubles ou profondes.[1]

Tel est l'*explorateur sous-marin* de Jobard. Ce puits portatif aurait pu présenter quelques avantages ; cependant il ne parut pas répondre aux besoins de la pratique, et les expériences que l'on fit dans la Seine, à Paris, en 1856, ne menèrent à rien de sérieux.

Nous nous dispenserons d'après cela d'examiner la question de priorité qui concerne l'*explorateur sous-marin*, et de décider si M. Espiard de Colonge, qui éleva une réclamation contre Jobard, dont il revendiquait l'invention, était, ou non, fondé dans ses dires. Si cette polémique intéresse quelques lecteurs, ils la trouveront dans la *Science pour tous*.[2]

Avec le scaphandre comme avec la cloche à plongeur, il est indispensable que les hommes descendus sous l'eau puissent à tout instant communiquer avec ceux qui sont restés à la surface. Il a donc fallu créer, à leur usage, un vocabulaire spécial, composé de signaux aussi simples et aussi clairs que possible. Ces signaux se transmettent au moyen de la corde attachée à la ceinture du plongeur. Comme il est d'une grande importance, au point de vue de l'existence de ce dernier, qu'ils soient recueillis religieusement et exécutés de même, on doit s'attacher à ce que la plus grande harmonie règne entre le travailleur sous-marin et son correspondant, qui tient sa vie entre ses mains. La plus légère

1 *La Science pour tous*, année 1856, page 16, et le *Cosmos*, tome VII, page 289.
2 1856, pages 37 et 56.

Louis Figuier

mésintelligence entre deux hommes pourrait entraîner les plus graves conséquences.

Voici la liste des signaux employés, sinon dans les travaux de toute l'industrie sous-marine, au moins à l'école navale de Brest.

Si le plongeur travaille sur le fond, un coup donné sur la corde, par l'homme de la surface, signifie : « Le plongeur est-il bien ? »

Le plongeur répond immédiatement par un autre coup. C'est, d'ailleurs, une règle générale que celui qui reçoit un signal, doit toujours le répéter, pour faire savoir qu'il a compris. Toutes les deux ou trois minutes, la question précédente est adressée au plongeur. Si trois appels successifs restent sans réponse, on le remonte aussitôt, à l'aide de la corde de communication.

Deux coups donnés par le plongeur veulent dire : « Donnez-moi plus d'air ; » — trois coups : « Donnez-moi moins d'air ; » — cinq coups : « Je ne puis plus rester, remontez-moi. »

Si le plongeur travaille contre les flancs ou contre le fond d'un navire, il se tient ordinairement sur les degrés d'une échelle de corde, qui suit les formes de la coque, et qui peut être déplacée à la volonté de l'ouvrier. Dans ce cas, les signaux sont différents :

Un coup sur la corde donné par le plongeur, signifie : « L'échelle est assez près. Amarrez ; » deux coups : « Rapprochez l'échelle du navire ; » — trois coups : « Écartez l'échelle du navire ; » — quatre coups : « Portez l'échelle sur l'avant ; » — cinq coups : « Portez l'échelle sur l'arrière ; » — six coups : « Je me trouve mal, remontez-moi. » Un coup sur le tuyau de conduite d'air donné par l'homme de la surface, veut dire : « Le plongeur est-il bien ? » deux coups sur le tuyau donnés par le plongeur signifient : « Donnez-moi plus d'air ; » trois coups : « Donnez-moi moins d'air. »

Quant aux demandes de cordes, d'outils ou autres objets nécessaires pour l'exécution ou la fin du travail qui s'exécute, elles se font au moyen de signaux convenus sur le moment, et d'ailleurs très-variables, selon la fantaisie des correspondants et la nature de la besogne qui incombe au plongeur.

Une question qui mérite d'être considérée, c'est celle de l'éclairage sous-marin. L'intensité de la lumière solaire varie, sous l'eau, suivant la profondeur qu'affronte le plongeur, suivant la nature du fond et la limpidité de l'onde, et l'on pourrait ajouter suivant l'éclat du ciel. Sur les côtes d'Italie, et sur des fonds de sable ou de roche, les plongeurs peuvent y voir jusqu'à 40 mètres de profondeur d'eau ; mais dans les ports vaseux de la France et de l'Angleterre, l'obscurité règne à partir de 5 ou 6 mètres. Une telle obscurité est un grand obstacle aux divers travaux qui s'exécutent sous l'eau. Il a donc fallu imaginer une lanterne qui permît au plongeur de travailler avec certitude et célérité, quelque épaisses que fussent les ténèbres environnantes.

Bien des essais ont été tentés pour construire de bonnes lampes sous-marines ; ce n'est que dans ces derniers temps que l'on a obtenu des résultats à peu près satisfaisants.

On se servit d'abord de lampes à huile ou à esprit-de-vin, dans lesquelles l'air nécessaire à la combustion était envoyé par une pompe, au moyen d'un tube flexible, comme on le fait pour fournir au plongeur sa provision d'air respirable. Les produits de la combustion se dégageaient par un second tuyau remontant à la surface. Mais ces lanternes présentaient de grands inconvénients. L'air arrivant trop rare ou trop abondant, les mèches se charbonnaient, la flamme vacillait, et la lumière ne tardait pas à s'éteindre, après avoir brillé très-faiblement. En outre, le tube de décharge était exposé à brûler par la chaleur de la flamme ; enfin, le double tuyau qui surmontait la lampe, en rendait la manœuvre assez incommode.

Quelques inventeurs réussirent à pallier une partie de ces inconvénients, en substituant des tubes métalliques rigides aux tubes flexibles. Mais la rigidité même du métal constitue, à un autre point de vue, un défaut tout aussi grave. Elle empêche de glisser la lampe dans tous les recoins, dans toutes les anfractuosités du domaine sous-marin où pénètre le plongeur. Il en résulte que l'appareil perd toute son efficacité dans un grand nombre de circonstances.

M. Cabirol a construit une lanterne sous-marine qui lui valut, à l'Exposition universelle de Londres, en 1862, une médaille : « pour son moyen ingénieux et sa complète réussite de lampe sous-marine. »

La lampe sous-marine de M. Cabirol consiste en une lampe ordinaire, Carcel ou modérateur, enfermée dans un globe en cristal.

Louis Figuier

Un tuyau en caoutchouc et une pompe aspirante permettent de renouveler constamment l'air indispensable à la combustion de l'huile, à quelque profondeur que se trouve la lampe. Cette lampe brûle dix heures avec un bel éclat ; elle est très-portative, et peut être emportée partout par le plongeur.

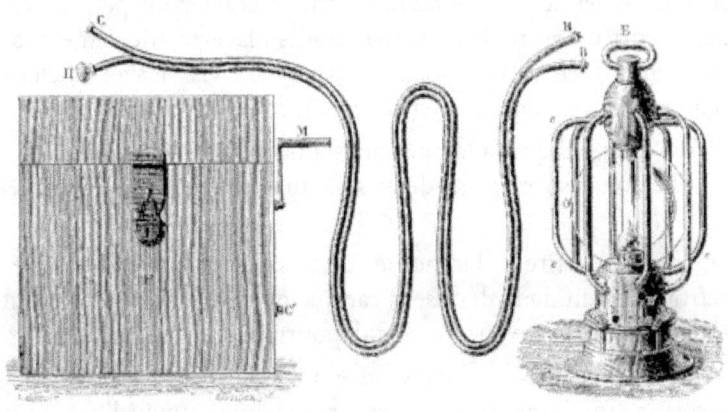

Fig. 407. — Lampe sous-marine de Cabirol.

La figure 407 représente la lampe sous-marine de M. Cabirol. Le conduit qui doit amener l'air pour l'entretien de la lampe, et évacuer au dehors l'air vicié par la combustion, se compose de deux tubes appliqués l'un contre l'autre dans presque toute leur étendue et se séparant seulement à leurs extrémités. La partie C de ce tuyau vient se visser sur le raccord C′ de la pompe à air, contenue dans la caisse P, pompe que met en mouvement la manivelle M. Les autres extrémités B, B, du même double tube viennent s'appliquer sur les orifices B′, B′, de la lampe. L'extrémité H, qui laisse dégager au dehors l'air vicié, se termine par une crépine ou pomme d'arrosoir ; a, a sont les boulons pour le démontage et le remontage de la lampe ; D est un cercle ou anneau de métal qui isole de l'eau environnante le verre de la lampe à modérateur A. Un globe de verre, O, entoure cette lampe. c, c sont des tringles en cuivre, qui forment un grillage autour du globe de verre pour le mettre à l'abri des chocs extérieurs.

CHAPITRE III

Voici maintenant la manière de se servir de cette lampe sous-marine. Dévisser les boulons *a, a,* retirer la lampe A, la garnir d'huile, la monter et l'allumer ; appliquer les tuyaux B, B, sur le corps de la lampe aux orifices B', B', et le tuyau C, qui termine le tube par un de ses bouts, à un raccord du tuyau C' de la pompe ; — faire agir la pompe à air qui alimente la lampe ; replacer la lampe A dans sa gaine à baïonnette ; saisir et écarter un peu la partie supérieure du verre de la lampe pour le placer verticalement, afin qu'il entre bien dans l'anneau isolateur D ; visser avec la clef les boulons *a, a,* afin de fermer hermétiquement la lampe.

Il est essentiel que la lampe soit toujours placée verticalement. À cet effet, on la suspend du dehors par une corde attachée à l'anneau E.

Quand on retire la lampe de l'eau, il faut la laisser éteindre et refroidir avant de la dévisser ; car quelques gouttes d'eau venant à tomber sur le verre encore chaud, pourraient le faire éclater.

MM. Rouquayrol et Denayrouse ont eu, de leur côté, l'idée de recourir à une source de lumière fort à la mode aujourd'hui : ils ont construit une lampe électrique sous-marine.

Cette lampe se compose d'un récipient en fer ou en fonte, parfaitement étanche, dans lequel est placé un régulateur de la lumière électrique, système Serrin. Les fils conducteurs de l'électricité sont renfermés dans un tuyau de caoutchouc, qui pénètre dans la lampe à travers un presse-étoupe. La source d'électricité est une pile de 50 éléments. L'étincelle jaillit entre les charbons du régulateur et donne une lumière égale en intensité à celle de 2 000 becs Carcel. Les produits de la combustion s'échappent par une petite soupape située près du presse-étoupe. Cette lampe fonctionne pendant trois heures sons l'eau, sans que la lumière faiblisse un seul instant. Mais, au bout de ce temps, il est nécessaire de changer les charbons ; ce qui amène une interruption d'un quart d'heure, à laquelle on peut remédier, il est vrai, en ayant deux lampes qu'on substitue l'une à l'autre lorsqu'elles ont fait leur service complet.

L'éclairage électrique sous-marin a l'avantage de permettre de supprimer tout tuyau destiné à alimenter d'air la lampe sous-marine. En effet, la lumière est produite ici par l'écoulement de

Louis Figuier

l'électricité voltaïque. Par conséquent, elle brille dans tous les espaces privés d'air. C'est là un avantage considérable.

Les expériences faites par MM. Rouquayrol et Denayrouse n'ont mis en évidence aucun inconvénient particulier ; aucune difficulté grave pour l'application de la lampe électrique à l'éclairage des eaux profondes. Il est donc probable que ce système sera le seul employé à l'avenir, c'est-à-dire quand on aura appris à se familiariser davantage avec l'emploi de l'éclairage électrique.

En 1868, deux élèves de l'École polytechnique, MM. Léauté et Denoyel, ont construit une lampe brûlant à l'abri du contact de l'air, qui paraît appelée à rendre de véritables services pour l'éclairage de la profondeur des eaux fluviales et maritimes.

Chacun sait que tout corps en ignition ne peut brûler qu'au contact de l'air, composé d'oxygène et d'azote. Le premier de ces gaz étant seul comburant, il est possible de tenir allumé un corps à l'abri du contact de l'air, pourvu qu'on alimente ce foyer d'un courant d'oxygène, d'une façon régulière et continue. C'est sur ce principe qu'est basée la lampe de MM. Léauté et Denoyel.

L'appareil se compose de trois parties : 1° une lampe modérateur ; 2° une enveloppe en verre mettant cette lampe à l'abri du contact de l'air ; 3° un réservoir de gaz oxygène.

L'oxygène s'échappe du réservoir par un petit tube qui le conduit à la mèche de la lampe, où il se sépare en deux courants : l'un se rend à une couronne métallique extérieure, percée de petits trous à ras de la flamme ; l'autre aboutit au cylindre intérieur de la mèche, de façon à établir ainsi le double courant nécessaire à une bonne combustion.

La modification de la hauteur de la mèche, l'introduction et le règlement d'admission du gaz, dont la pression est indiquée par un manomètre, se font à l'extérieur de la lampe, sans donner en rien accès à l'air extérieur.

La lampe, une fois allumée, est placée sur un disque en cuivre, dont le pourtour est garni d'un cuir graissé, sur lequel vient se poser un tube-enveloppe en verre épais et bien dressé, fermé à sa partie supérieure par un autre disque en cuivre, assujetti par l'intermédiaire de tiges boulonnées à l'ensemble de l'appareil. Ici la fermeture est obtenue à l'aide de l'interposition de carton graissé, moins impressionnable que le cuir, à l'influence de la chaleur.

Le disque inférieur porte un petit tuyau muni d'une soupape mobile à volonté, permettant l'échappement de la vapeur d'eau et de l'acide carbonique, qui résulte de la combustion de la lampe.

On a remarqué que la fermeture de la soupape et la présence d'une certaine quantité d'acide carbonique, ne nuisaient en rien à la marche de la lampe, tant qu'elle était alimentée par l'oxygène, et cela jusqu'à une certaine pression des gaz à l'intérieur du cylindre.

Une expérience décisive a été faite en 1868, avec cette lampe, dans la Seine, près de l'écluse de la Monnaie. Par une nuit très-obscure, un homme, revêtu d'un costume de plongeur est descendu dans l'eau, à une profondeur de $2^m,58$. La lampe étant éloignée de lui de 2 mètres environ, et brûlant parfaitement au sein du fleuve, il a pu écrire avec un diamant, sur une glace, la date et l'heure de l'expérience. Au bout de trois quarts d'heure, la lampe fut retirée de l'eau tout allumée.

Nous dirons cependant que, pour l'usage courant de l'industrie qui nous occupe, la lampe de M. Cabirol est encore la seule employée aujourd'hui.

CHAPITRE IV

LES SENSATIONS DU PLONGEUR.

Quelles sont les sensations de l'homme qui descend, pour la première fois, au fond de la mer, revêtu du scaphandre ? Voilà une question toute naturelle, et qui a dû inspirer à bien des personnes le désir de se faire une opinion à cet égard en se prenant elles-mêmes comme sujet d'expérience ? M. Esquiros a eu ce désir, et il a raconté les péripéties de sa courte excursion dans les profondeurs sous-marines. S'étant rendu sur un point de la côte anglaise où opérait une troupe de scaphandriers, il se fit habiller de pied en cap, à l'instar de ces braves gens, et descendit à une dizaine de mètres sous l'eau. Mais cédons la parole à M. Esquiros (on vient de fermer par une glace la seule ouverture par laquelle il communiquât encore avec le monde extérieur, ouverture placée en face de la bouche) :

Louis Figuier

« À peine avait-on fixé cette glace sur le devant du casque (*front glass*), que les pompes commencèrent à jouer et à m'envoyer de l'air ; autrement j'aurais été étouffé. Je n'avais plus en effet que les mains qui fussent en contact avec l'atmosphère, et ce n'est point par là que j'aurais su respirer. Cette fonction dépendait entièrement du tube à air ; mais si ce tube était venu à se rompre ? On m'avait expliqué que dans ce cas-là une soupape se fermerait d'elle-même pour arrêter l'invasion des eaux, et qu'il me resterait encore assez d'air dans mes habits de plongeur pour vivre quelques instants, juste le temps d'être secouru. C'était du moins une consolation. Je ne pouvais plus ni parler, ni entendre ; mais je pouvais encore très-bien voir : n'avais-je point trois yeux de verre ? On me fit signe de me diriger vers une échelle qui descendait du bateau dans la mer. La difficulté était de me mouvoir. Il me semblait être soudé à la planche par mes semelles de plomb ; les poids me chargeaient le dos et la poitrine ; je me sentais d'ailleurs raide et gêné dans ma robe de gomme élastique comme si j'avais été cousu dans la peau de quelque monstre marin. Je fis pourtant de mon mieux et j'atteignis enfin les premiers degrés de l'échelle de corde qui, tendue à l'extrémité inférieure par un poids considérable, contournait d'abord à l'air nu les flancs du bateau, puis disparaissait entièrement sous les vagues.

« Les braves marins aidaient et dirigeaient d'ailleurs tous mes mouvements ils m'apprirent à passer le tube à air sous le bras gauche, tandis que la corde d'appel (*signal line*), liée autour du corps, filait le long de l'épaule droite. Ce tube et cette corde étaient tenus à l'extrémité supérieure par deux hommes qui étaient dès lors mes deux *attendants*, sans compter un troisième qui m'accompagnait en me frayant la route. L'échelle me parut bien longue, quoiqu'il y eût à peine huit ou dix pieds entre le bord du bateau et la mer ; mais le moment terrible est celui où l'on touche la surface des vagues : quoique l'Océan fût calme ce jour-là comme un lac, je me trouvais battu et soulevé, malgré mes poids de plomb, par le mouvement naturel des eaux roulant les unes sur les autres. Ce fut bien pis lorsque j'eus la tête sous les lames et que je les sentis danser au-dessus du casque. Avais-je trop d'air dans l'appareil ou n'en avais-je pas assez ? Il me serait bien difficile de le dire : le fait est que je suffoquais. En même temps je sentis comme une

CHAPITRE IV

tempête dans mes oreilles, et mes deux tempes semblaient serrées dans les vis d'un étau. J'avais en vérité la plus grande envie de remonter ; mais la honte fut plus forte que la peur, et je descendis lentement, trop lentement à mon gré, cet escalier de l'abîme qui me semblait bien ne devoir finir jamais : il n'y avait pourtant que trente ou trente-deux pieds d'eau en cet endroit-là. À peine avais-je assez de présence d'esprit pour observer autour de moi les dégradations de la lumière : c'était une clarté douteuse et livide qui me parut beaucoup ressembler à celle du ciel de Londres par les brouillards de novembre. Je crus voir flotter çà et là quelques formes vivantes sans pouvoir dire exactement ce qu'elles étaient ; enfin, après quelques minutes qui me parurent un siècle d'efforts et de tourments, je sentis mes pieds reposer sur une surface à peu près solide. Si je m'exprime ainsi, c'est que le fond de la mer lui-même n'est pas une base très-rassurante, on se sent à chaque instant soulevé par la masse d'eau, et pour ne point être renversé je fus obligé de saisir l'échelle avec les mains.

« Il me manquait d'ailleurs un instrument essentiel : les plongeurs, pour assurer leur marche dans l'Océan, se servent volontiers d'un levier (*crow-bar*), sur lequel ils s'appuient comme sur une canne ; mais n'étais-je point assez encombré déjà sans cette barre de fer, qui ne m'eût d'ailleurs été d'aucune utilité ? Mon intention n'était nullement de me promener, j'étais bien trop consterné par l'effrayant silence et la morne solitude de ces eaux où je me trouvais comme perdu. La lumière me parut d'ailleurs beaucoup plus vive qu'à moitié chemin, et mes douleurs cessèrent comme par enchantement. Voulant remporter une preuve et un souvenir de mon excursion, je me baissai pour ramasser un caillou au fond de la mer. J'allais le mettre dans la poche de mon habit, quand je m'aperçus que je n'avais point de poche et qu'il me fallait le serrer dans ma ceinture. Ceci fait, je donnai le signal qu'on me hissât à la surface.

« Avec quel sentiment de bonheur je rentrai dans mon élément ! Il me fallut pourtant encore regagner et remonter le haut de l'échelle. Une fois dans le bateau, on m'enleva d'abord la visière, puis le casque tout entier, puis enfin mon équipement de plongeur. Je m'aperçus seulement qu'il était plus facile d'entrer dans cet habit que d'en sortir, l'extrémité des manches était si étroitement

Louis Figuier

collée sur la peau qu'il fallut faire usage d'un instrument, *cuff expander* (dilatateur des poignets), pour distendre l'étoffe. Mes vêtements de dessous n'étaient nullement mouillés, et je dus reconnaître que la toile du *diving-dress* (habit de plongeur) méritait bien le titre de *waterproof* qui lui est donné par les inventeurs. Les bons marins me félicitèrent de mon retour à la vie, tout en riant de mon équipée. Selon eux, j'avais été faire un plongeon de canard au fond de la mer ; en vérité, ma courte descente n'avait guère été autre chose, et pourtant mon but ne se trouvait-il point atteint ? Je connaissais maintenant les méthodes essentielles des plongeurs, et surtout j'avais pu admirer de près le courage, la nature particulière de ces hommes qui, non contents de séjourner quelques minutes sous l'eau, s'y montrent capables d'exécuter pendant des heures entières toutes sortes de travaux pénibles.[1] »

CHAPITRE V

DERNIERS PERFECTIONNEMENTS DU SCAPHANDRE. — APPAREIL DE MM. ROUQUAYROL ET DENAYROUSE.

Nous avons montré les avantages du scaphandre Cabirol, qui représentait, il y a peu d'années encore, le dernier mot de la science et de l'art en ces matières. Il nous reste à signaler les défauts de cet appareil, et à faire connaître le progrès qu'est venu réaliser dans l'art du plongeur, un système nouveau, dû à MM. Rouquayrol et Denayrouse.

Deux conditions sont indispensables pour que l'homme puisse séjourner plusieurs heures dans l'eau, sans danger ni malaise. Il faut d'abord qu'il ait la faculté de respirer aisément. En second lieu, il faut que la pression de l'air qu'il respire, varie proportionnellement à la hauteur de la colonne d'eau qui pèse sur lui ; en d'autres termes, la pression de l'air envoyé au plongeur doit varier selon la profondeur à laquelle il se trouve. C'est ce que l'on va comprendre. Dans les conditions normales, dans la respiration à l'air libre, un homme de taille ordinaire supporte sur la surface entière de son corps, une pression de 15 à 16 000 kilogrammes, par le fait du

---

1 *L'Angleterre et la Vie anglaise*, in-12. Paris, 1869, p. 220-224.

poids de l'atmosphère. S'il résiste parfaitement à une si énorme pression, c'est que l'air et les gaz qui circulent à l'intérieur de ses organes, ont la même pression que l'air extérieur, puisqu'ils sont en communication constante avec cet air, par le jeu des poumons, par la transpiration, par la circulation continuelle et l'échange constant qui se fait entre les gaz exhalés du corps et l'air inspiré. Les gaz internes réagissent donc contre la pression du dehors, et ces deux forces égales et contraires se détruisant, s'équilibrant, l'homme ne ressent aucun malaise. Mais s'il vient à descendre dans l'eau à 10, 20 ou 30 mètres de profondeur, la pression qu'exerce sur lui l'atmosphère, s'augmente alors de tout le poids de la colonne d'eau située au-dessus de lui ; l'équilibre est rompu entre les pressions intérieure et extérieure, et si l'air envoyé dans ses poumons n'est pas comprimé au degré suffisant, n'a pas exactement la pression totale qui pèse sur son corps, il y aura écrasement de sa poitrine. Si, au contraire, la compression de l'air qu'on lui envoie est trop forte, il y aura déchirement et rupture des parois de la poitrine, en sens inverse, c'est-à-dire de l'intérieur du corps à l'extérieur.

Autre considération. Si, pour les besoins de son travail, le plongeur monte et descend fréquemment, il subira, en un instant, des variations brusques de pression, et ces variations auront pour lui les effets les plus désastreux. Le sang refluera violemment de la surface du corps aux parties profondes, puis de celles-ci aux régions superficielles. Les vaisseaux capillaires se rompront, et le sang jaillira par le nez, la bouche ou les oreilles. C'est ce qu'on observe, comme nous l'avons déjà dit, chez les pêcheurs de perles et d'éponges qui plongent à nu et qui passent rapidement des grandes profondeurs sous-marines à la surface de l'eau, et réciproquement. Les accidents sont moins graves chez les scaphandriers, mais il se produit dans leurs organes une sorte de trépidation, qui use très-promptement l'existence des hommes voués à ce rude métier.

Cela posé, on aperçoit le défaut du scaphandre Siebe, du scaphandre Cabirol et de tous ceux du même genre. Ces appareils envoient très-régulièrement de l'air comprimé dans les poumons ; mais la pression de cet air est-elle constamment et parfaitement proportionnelle au poids de la colonne d'eau, augmenté de la pression atmosphérique ? Non ; elle est tantôt plus grande, tantôt plus petite, et ce défaut d'équilibre produit dans l'organisme les désordres que nous avons signalés.

D'autres inconvénients sont attachés aux anciens scaphandres. Le plongeur, recevant sa ration de fluide respirable au moyen d'une pompe atmosphérique foulante placée à la surface, est dans la dépendance complète de cette machine. Si elle cesse accidentellement de fonctionner, et qu'on ne s'en aperçoive pas immédiatement, ou si le tuyau vient à se rompre, le plongeur ne reçoit plus d'air, et meurt asphyxié.

Il faut encore faire remarquer que les mouvements sont rendus très-difficiles aux plongeurs placés au fond de l'eau, par le fait du vêtement qui les enveloppe tout entiers. En effet, ils triomphent d'autant moins aisément de la poussée du liquide, qu'ils en déplacent un volume plus considérable. Or, l'injection de l'air dans le scaphandre, a précisément pour effet d'augmenter ce volume.

Il restait donc à créer un appareil qui fut exempt de ces inconvénients. Cet appareil, MM. Rouquayrol et Denayrouse sont parvenus à le combiner de la manière la plus heureuse. C'est en appliquant à l'exploration sous-marine un appareil inventé pour l'exploration des mines, que le nouveau scaphandre a été réalisé. Expliquons-nous.

M. Rouquayrol, ingénieur des mines, avait eu l'idée et avait mis cette idée en pratique, de placer sur les épaules du mineur, un réservoir métallique, contenant de l'air comprimé, air que l'individu aspirait au moyen d'un tube, en renvoyant, par un autre tube, l'air expiré. Cette ingénieuse disposition, qui avait paru efficace pour pénétrer à l'intérieur des mines, dans les galeries infestées par le gaz grisou, M. Denayrouse, lieutenant de vaisseau, trouva qu'elle s'appliquerait merveilleusement aux appareils plongeurs. Les deux inventeurs s'entendirent, et mirent cette idée à exécution.

L'appareil que MM. Rouquayrol et Denayrouse ont combiné, c'est-à-dire le nouveau scaphandre, présente les avantages suivants :

1° L'ouvrier puisant l'air nécessaire à sa respiration dans un réservoir qu'il porte sur son dos, et qu'alimente une pompe d'un effet certain, peut, en cas d'accident, se séparer du tuyau d'air et remonter à la surface avant que l'air lui manque totalement.

2° À l'aide d'une disposition introduite à l'intérieur du réservoir d'air comprimé, c'est le poumon lui-même qui règle la pression de l'air, contenu dans ce réservoir. Il y a donc proportionnalité constante entre la pression qui s'exerce à l'extérieur et celle qu'on lui oppose à l'intérieur du corps.

3° La pompe à air est construite de telle façon que la compression peut être poussée très-loin sans crainte de fuites, et que l'air reste toujours frais,

4° Le vêtement est bien plus souple et plus léger que celui des anciens appareils. Pour les immersions de courte durée et dans les cas pressants, il peut être supprimé complètement. Le plongeur descend alors sous l'eau, simplement muni du réservoir à air.

5° Cet engin est, en outre, peu embarrassant. Par la simplicité de son fonctionnement et la liberté d'allures qu'il laisse au plongeur, il permet de réaliser une économie très-notable sur le prix de revient de certains travaux.

Passons maintenant à la description détaillée de l'appareil, afin de justifier les propositions qui précèdent, et d'établir que ce nouveau scaphandre constitue réellement un progrès dans l'art de plonger sous l'eau.

Le *réservoir-régulateur* (*fig.* 408) est un véritable poumon artificiel que le plongeur porte sur son dos.

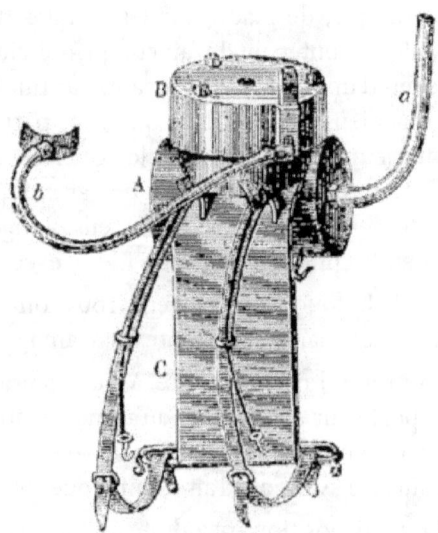

Fig. 408. — Appareil Rouquayrol-Denayrouse ; réservoir-

Louis Figuier

régulateur, vue extérieure.

Il se compose de deux parties : le *réservoir d'air* et la *chambre à air*.

Le *réservoir d'air* proprement dit, A, a une capacité de 8 litres environ ; il est construit en tôle de fer ou d'acier de 6 millimètres d'épaisseur, et étamé à l'intérieur pour prévenir l'oxydation. Il reçoit directement l'air de la pompe par le tuyau *a*, et porte à la base du tuyau de conduite une soupape de retenue qui se ferme sous l'influence de la pression intérieure en cas de rupture du tuyau. De cette façon, l'eau n'y peut rentrer.

La *chambre à air* B est soudée sur le réservoir ; également étamée à l'intérieur, elle est faite en tôle plus légère. C'est là que le plongeur aspire l'air nécessaire à l'entretien de son existence, à l'aide d'un tube flexible *b* qui aboutit à la bouche.

Le tuyau de respiration *b* est muni, sur un point quelconque de sa longueur, d'une soupape qui se prête à l'expulsion, mais s'oppose à la rentrée de l'air.

La chambre à air B est située au-dessus du réservoir d'air A ; elle est fermée au-dessus par un plateau d'un diamètre moindre que le diamètre intérieur de la chambre et recouvert d'une feuille de caoutchouc qui, d'une surface plus grande que celle du plateau, le relie hermétiquement aux parois centrales de la chambre.

On voit donc qu'il est susceptible de céder à une pression soit intérieure, soit extérieure, et de s'élever dans le premier cas et de s'abaisser dans le second.

Des bretelles et un tablier de cuir C servent à porter cet appareil sur le dos.

La figure 409, qui donne une coupe verticale du *réservoir-régulateur*, fera comprendre le jeu de ce véritable poumon artificiel.

CHAPITRE V

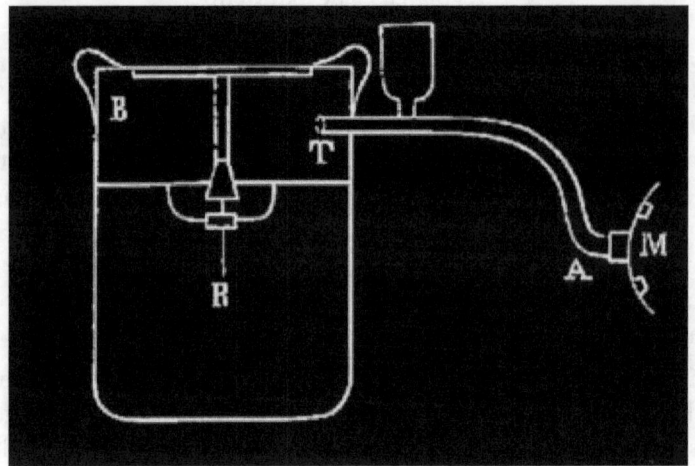

Fig. 409. — Coupe verticale intérieure du réservoir-régulateur.

La chambre à air est fermée au-dessus par un plateau en bois ou en métal C, d'un diamètre un peu inférieur à celui de la chambre elle-même ; et ce plateau est lui-même recouvert d'une feuille en caoutchouc, qui s'applique hermétiquement sur les parois extérieures de la chambre, au moyen d'un cercle en cuivre, de manière à empêcher toute introduction de l'eau. En raison de l'extensibilité du caoutchouc, ce système, — le plateau et sa calotte, — peut s'élever ou s'abaisser de quelques millimètres sous l'influence d'un excès de pression intérieure, et il transmet ces mouvements à la soupape à l'aide d'une tige verticale, *t*, fixée en son milieu, dans le prolongement de la tige du clapet. Il y a donc solidarité intime entre les mouvements du plateau et ceux de la soupape, et c'est là ce qui constitue l'originalité de l'appareil.

La *chambre à air*, B, et le *réservoir d'air*, R, communiquent au moyen d'une petite soupape, *s*, qui joue un grand rôle dans l'appareil ; c'est la *soupape de distribution d'air*. Elle est à clapet conique, s'ouvre de haut en bas, et a quelques millimètres d'ouverture seulement ; la moindre poussée suffit pour l'écarter de son siège.

Les figures 410, 411 et 412 représentent la soupape de distribution d'air, le clapet et la tige, qui sont vus en coupe dans la figure 409.

Louis Figuier

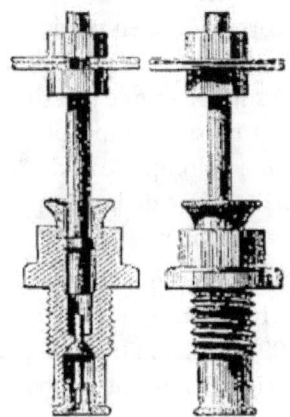

Fig. 410. — Soupape de distribution d'air.

Fig. 411. — Clapet conique.

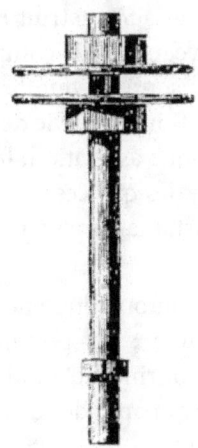

Fig. 412. — Plateau et sa tige.

CHAPITRE V

Voyons maintenant fonctionner le *poumon artificiel*. On sait qu'une atmosphère correspond, en poids, à une colonne d'eau de 10 mètres environ. Si donc le plongeur est descendu à 30 mètres, par exemple, il aura à supporter une pression de 4 atmosphères, se décomposant ainsi : la pression atmosphérique d'une part, et de l'autre la pression d'une colonne d'eau de 30 mètres représentant 3 atmosphères. Le manomètre de la pompe ne devra donc jamais marquer moins de 5 atmosphères.

Supposons cette condition remplie ; voici le plongeur descendu avec l'appareil. Il arrive alors que l'eau presse sur la calotte en caoutchouc C (*fig.* 409), et par suite sur le plateau que ne soutient aucune pression intérieure, puisque la chambre à air, B, est vide. Le plateau descend donc d'une certaine quantité, et la tige centrale, C, vient butter contre la soupape, qui s'ouvre et laisse pénétrer l'air du réservoir, R, dans la chambre supérieure. Cet afflux se continue jusqu'à ce que le fluide ait acquis dans cette chambre une pression suffisante pour contre-balancer celle du liquide ; il force alors le plateau à remonter, et l'équilibre s'établit.

N'est-il pas évident maintenant que si le plongeur aspire l'air contenu dans la chambre B, il l'introduira dans ses poumons à une pression égale à celle que supporte le plateau, et par conséquent aussi à celle qui s'exerce extérieurement sur la poitrine ? Mais, l'aspiration ayant pour effet de diminuer la pression dans la chambre, l'équilibre est aussitôt détruit ; le plateau redescend, la soupape s'ouvre de nouveau, et l'air comprimé passe du réservoir R dans la chambre B jusqu'à ce que la pression extérieure soit atteinte. Une autre aspiration est suivie des mêmes phénomènes, et ainsi de suite. Après chaque aspiration, l'équilibre est donc rétabli dans la chambre à air, et dès que cesse la dilatation des poumons, la soupape se ferme instantanément par l'excès de pression du réservoir d'air.

Ainsi l'appareil fournit automatiquement au plongeur sa ration d'air à la pression voulue ; les poumons règlent eux-mêmes l'introduction dans la poitrine du fluide respirable, en agissant indirectement sur la soupape de distribution. Rien de plus ingénieux ni de plus exact.

L'efficacité de ce mécanisme est telle que, bien loin d'éprouver un

Louis Figuier

malaise quelconque, le plongeur éprouve une sensation de bien-être, qui s'accroît jusqu'à une certaine limite avec la profondeur. Cette sensation est une conséquence de la compression de l'air, compression qui devient de plus en plus grande à mesure que descend l'ouvrier sous-marin. À 10 ou 15 mètres, la respiration s'accomplit à peu près dans les mêmes conditions qu'au milieu de l'air des montagnes.

Fig. 413. — Soupape d'expiration.

La sortie de l'air expiré se fait par une soupape dont la position peut varier sur le tube d'aspiration, mais que les inventeurs se sont décidés en dernier lieu à placer sous le plateau C (*fig.* 409), Cette soupape, que l'on voit ici (*fig.* 413), se compose de deux feuilles minces de caoutchouc, collées aux extrémités, dans le sens de la longueur, et que la pression de l'eau applique fortement l'une contre l'autre lorsque se produisent les aspirations, mais qui s'entr'ouvrent pour laisser sortir une partie de l'air expiré. Nous disons à dessein *une partie*, car tout l'air expiré n'est pas perdu ; une certaine portion retourne dans la chambre à air et peut être absorbée une seconde fois sans inconvénient. En effet, la proportion d'acide carbonique que renferme l'air rejeté par les poumons n'est pas assez considérable pour le rendre impropre à la respiration, après qu'il a été se revivifier par une addition d'air pur.

MM. Rouquayrol et Denayrouse ont pu supprimer le casque, sans que l'eau s'introduisît dans la bouche et les narines ; ils l'ont remplacé avantageusement par un ferme-bouche et un pince-nez (*fig.* 414 et 415).

CHAPITRE V

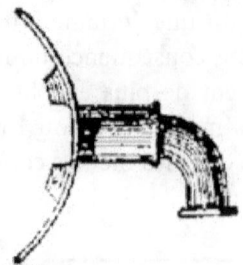

Fig. 414. — Ferme-bouche avec son bec.

Le ferme-bouche est fixé sur un bec métallique qui termine le tuyau d'aspiration ; il se place entre les lèvres et les dents. Il est en caoutchouc vulcanisé. À droite et à gauche du trou central se trouvent deux appendices, également en caoutchouc, qui sont saisis par les dents. Au moment de l'aspiration, l'eau ne peut pénétrer dans la bouche, car la pression que cette eau exerce a pour effet d'appliquer énergiquement le caoutchouc sur les dents et de produire une fermeture hermétique. Dans le mouvement d'expiration, il n'y a pas non plus à craindre l'accès du liquide, car le ferme-bouche, maintenu entre les gencives et les lèvres et, de plus, par les dents mordant sur les appendices, ne peut s'échapper. Les plongeurs novices ouvrent les lèvres lorsqu'ils aspirent, et l'eau rentre alors dans la bouche, en plus ou moins grande quantité ; un exercice préalable, plusieurs fois répété, leur fait bientôt perdre cette fâcheuse habitude. Le ferme-bouche est d'un emploi très-sûr, ainsi que le prouve une pratique de plusieurs années.

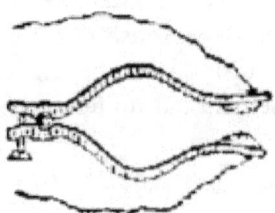

Fig. 415. — Pince-nez.

Louis Figuier

Le pince-nez (*fig.* 415) consiste simplement en deux petites lames terminées par des pelotes recouvertes en caoutchouc, et réunies à l'autre bout par une vis de pression, qui permet de régler le serrage à la volonté du plongeur. Pour surcroît de précaution, le pince-nez est noué derrière la tête par deux cordons.

La figure 416 représente le plongeur portant les accessoires qui viennent d'être décrits.

Fig. 416. — Plongeur muni du réservoir-régulateur et du pince-nez.

CHAPITRE V

Nanti du réservoir-régulateur, du ferme-bouche et du pince-nez, un plongeur peut être envoyé instantanément, sans autres accessoires, sous la carène d'un navire, pour faire une réparation urgente, ou pour quelque autre travail de courte durée. Mais s'il doit rester plusieurs heures sous l'eau, il est indispensable de le protéger par un vêtement imperméable contre le froid qui le gagnerait infailliblement à la longue. En outre, l'eau salée, qui exerce sur les yeux une action fortifiante dans une immersion peu prolongée, finit par les irriter lorsqu'on dépasse certaines limites. La nécessité d'un masque et d'un habit se font donc sentir.

L'habit est fait de deux toiles, séparées par une feuille de caoutchouc laminé de 5 millimètres d'épaisseur. Il se termine, à la partie supérieure, par une collerette élastique, qui permet à l'homme de s'y introduire facilement et qui se fixe, à l'aide d'un cercle de serrage, dans une gorge placée à la base du masque. Cette gorge étant remplie d'une garniture en caoutchouc pur, le joint est absolument hermétique.

Avec ce costume, des plongeurs sont restés sous l'eau durant six heures consécutives, sans éprouver le moindre malaise. Sans habit, la durée maximum de l'immersion est d'une heure et demie.

Le masque (*fig.* 417) est en cuivre embouti et garni intérieurement d'une feuille épaisse de caoutchouc, destinée à protéger la tête contre les chocs. Il porte sur le devant une glace pour la vision, et rien n'empêche d'en ajouter d'autres sur les côtés et au sommet. Il est percé d'un trou pour le passage du tuyau d'aspiration. De l'autre côté, est placé un robinet qui permet au plongeur de garder dans le vêtement la quantité d'air nécessaire pour ne pas souffrir de la pression extérieure, car l'homme peut lâcher dans le masque son air d'expiration ou le faire évacuer par ledit robinet. Le plongeur possède donc la faculté d'augmenter et de diminuer son volume, et par conséquent de se mouvoir avec aisance de haut en bas, de bas en haut ou latéralement.

Louis Figuier

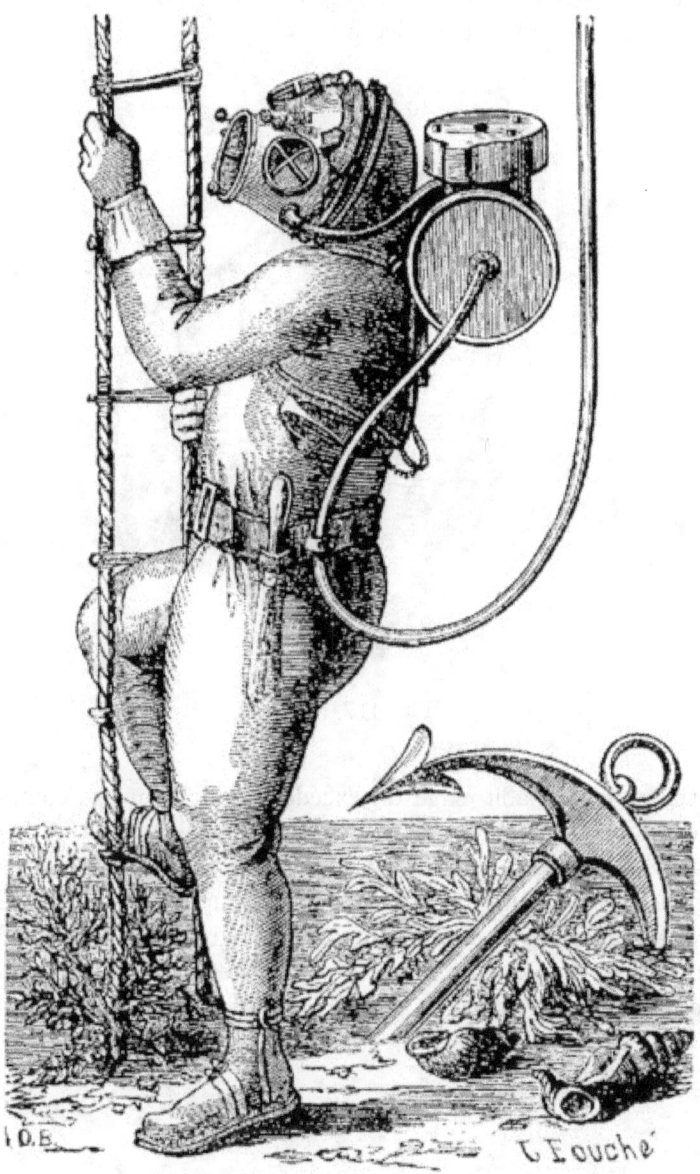

Fig. 418. — Plongeur revêtu de l'habit en caoutchouc et du
réservoir-régulateur.

CHAPITRE V

La figure 418 représente le plongeur armé de tous les accessoires nouveaux que nous allons décrire.

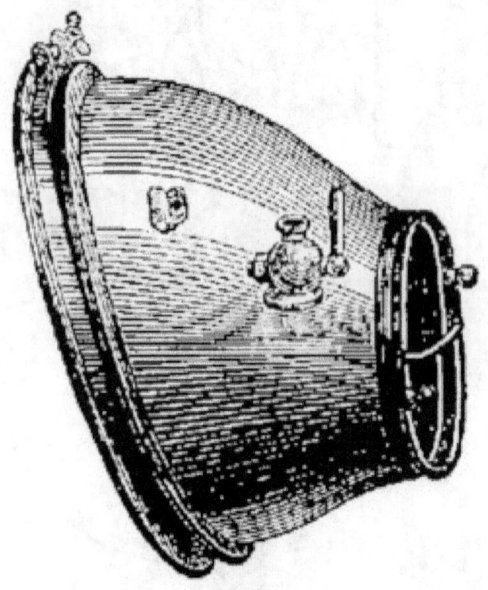

Fig. 417. Masque.

L'emploi de l'habit exige un excédent de lest, qui se compose de poids en plomb accrochés à la tête et sur les côtés (*fig.* 419 et 420). Pour se maintenir au fond de l'eau, le plongeur est, en outre, chaussé d'une paire de souliers en cuir souple (*fig.* 421), portant des semelles de plomb du poids de 8 kilogrammes. Ces semelles sont fixées au moyen d'une talonnière à ressort, et l'ouvrier peut s'en débarrasser instantanément en appuyant sur la pédale avec un pied.

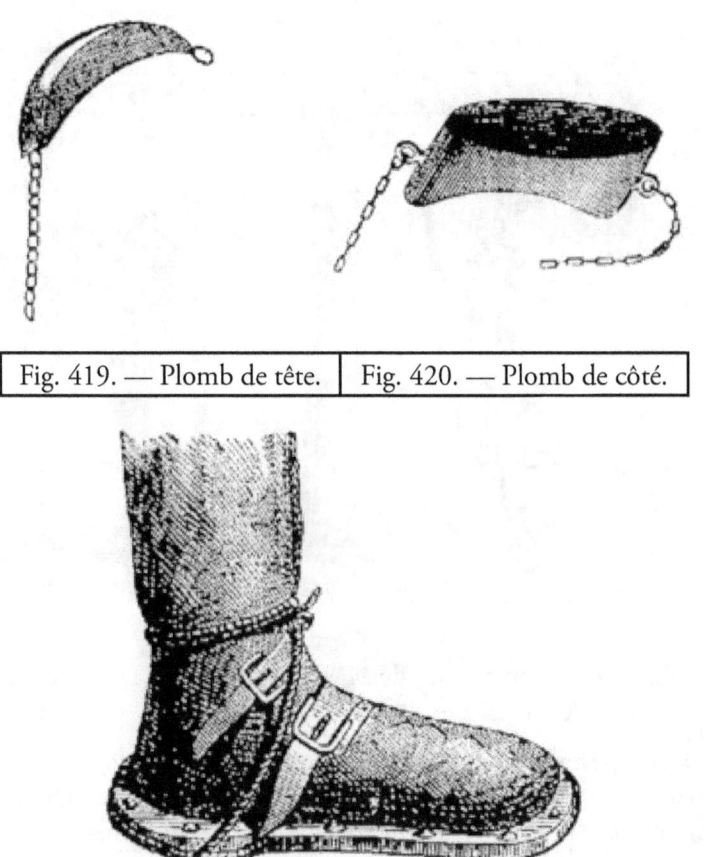

| Fig. 419. — Plomb de tête. | Fig. 420. — Plomb de côté. |

Fig. 421 — Soulier à semelle de plomb.

Nous n'avons encore rien dit de la pompe à air. Elle est basée sur un principe très-original. Dans les pompes ordinaires, le corps de pompe est fixe, et le piston est mobile : ici, c'est tout le contraire ; le piston est fixe, et le corps mobile.

CHAPITRE V

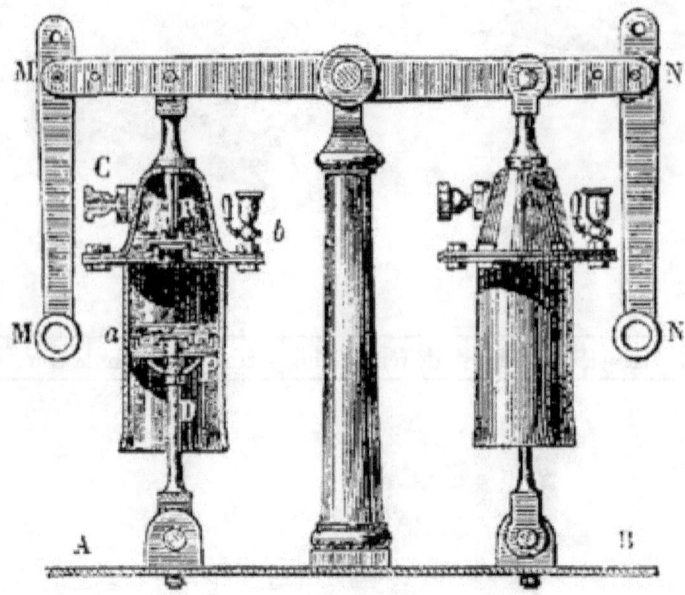

fig. 422. — Pompe à air de MM. Rouquayrol et Denayrouse.

La pompe à air (*fig.* 422) est à deux corps ; nous n'en considérerons qu'un pour le moment. Le piston P est fixé sur la plaque de fondation AB au moyen d'une chape et d'un boulon. Il porte la soupape d'aspiration, *a*, qui s'ouvre de bas en haut et est recouverte d'une couche d'eau. Le cylindre D, dans lequel joue ce piston, est mobile ; il monte et descend verticalement autour du piston même, par le jeu du balancier MN. Ce cylindre se termine en haut par un réservoir d'eau, R, qui communique avec le corps de pompe proprement dit, par une soupape de refoulement, *b*, s'ouvrant aussi de bas en haut et recouverte d'eau comme la première. Le raccord C est destiné à recevoir le tuyau qui aboutit au réservoir d'air comprimé, placé sur le dos du plongeur.

Supposons maintenant que le cylindre D descende par le jeu du balancier MN. L'air compris entre le piston et le réservoir supérieur, se comprime ; il presse l'eau qui recouvre la surface d'aspiration, et il la presse d'autant plus qu'il est plus comprimé. L'eau, à son tour, appuie fortement contre les parois du cylindre D et la garniture en cuir du piston P, de sorte que toute fuite est rendue impossible. Et, chose remarquable, l'impossibilité est d'autant plus radicale, que la compression est poussée plus loin. MM. Rouquayrol et Denayrouse ont donc tourné l'écueil qui empêchait jusqu'ici de comprimer de l'air à une pression élevée. Au moyen de la fermeture hydraulique, ils évitent les fuites entre le corps de pompe et le piston. L'air, pressé entre le piston et la cloison qui porte la soupape de refoulement, soulève cette soupape et passe dans le réservoir d'air condensé, R.

Lorsque le cylindre remonte, l'air contenu dans ce réservoir agit sur la soupape *b* comme il a agi précédemment sur le piston et, grâce à la couche d'eau qui la recouvre, produit une fermeture hermétique. Donc, de ce côté non plus, pas de fuites à redouter. Le vide se fait dans le corps de pompe ; la pression atmosphérique, qui s'exerce librement sous le piston, soulève la soupape d'aspiration, et une certaine quantité d'air passe au-dessus du piston pour être introduite dans le réservoir lorsque le cylindre redescendra, et ainsi de suite indéfiniment.

On remarquera, qu'avant d'être refoulé dans le réservoir, l'air est toujours comprimé entre deux couches d'eau, qui l'empêchent de s'échauffer. De là, cet autre avantage très-important : l'air est constamment frais, et il ne contracte aucune odeur désagréable.

Voilà pour ce qui concerne la pompe destinée à envoyer aux plongeurs leur provision d'air respirable, pendant leur séjour sous l'eau. Pour comprimer l'air dans le réservoir que le plongeur porte sur le dos, MM. Rouquayrol et Denayrouze font usage d'une pompe de compression un peu différente de la pompe à air, et que représente la figure 423.

On emploie deux corps de pompe, communiquant entre eux. Ils sont inégaux de grandeur, et dans des rapports de volumes convenablement choisis. La disposition des soupapes, des pistons et du balancier est d'ailleurs la même que celle que nous avons décrite dans la pompe à air.

L'emploi d'un grand corps de pompe et d'un plus petit distribue aussi également que possible le travail sur chacun des balanciers de la pompe, et donne une résistance environ six fois plus petite que si l'on voulait porter directement l'air à 25 atmosphères de pression.

CHAPITRE V

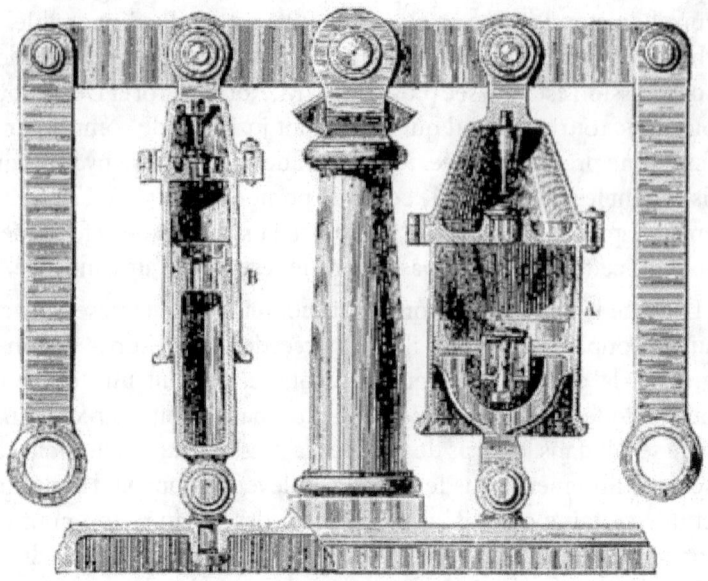

Fig. 423. — Compresseur compensateur à deux corps.

Le principe du piston fixe et constamment noyé, comme dans la pompe à air que représente la figure 422, annule les fuites et empêche le développement de chaleur.

Avec ce genre de pompe, il est très-facile de remplir en un quart d'heure, sans fuite ni augmentation sensible de chaleur, un réservoir d'air de 30 litres, à 30 atmosphères de pression.

Chaque machine de compression se compose (*fig.* 423) de deux corps de pompe, A, B, placés côte à côte, et mus par le même balancier, à bras d'hommes. Tandis que l'air est aspiré d'un côté par le corps de pompe A, il est comprimé de l'autre par le corps de pompe B.

Cette pompe est très-solide, très-simple et peu encombrante ; de plus, on peut la visiter facilement dans toutes ses parties. Elle pèse de 70 à 90 kilogrammes, suivant le modèle adopté. Avec des pistons de 100 millimètres de diamètre et de 150 millimètres de course, on obtient en quelques coups une pression de 8 à 10 atmosphères. Si l'on donne de 35 à 40 coups de piston, la pompe débite par

Louis Figuier

minute de 85 à 100 litres d'air. Ce débit est bien suffisant ; car, dans l'atmosphère, un homme adulte consomme environ 12 litres d'air par minute. À 10 mètres de profondeur, il en consommera 12 litres à la pression de 2 atmosphères ou 24 litres à la pression ordinaire ; à 20 mètres, 12 litres à 3 atmosphères ou 36 litres à la pression ordinaire, etc. De là à 80 ou 100 litres, il y a de la marge.

Les résultats précédents sont déjà très-remarquables ; MM. Rouquayrol et Denayrouze sont allés plus loin encore en construisant un appareil dit *compresseur-compensateur*, qui, composé de quatre corps de pompe, permet de comprimer l'air, sans chaleur ni fuite, à une pression de 40 atmosphères.

Cependant cet appareil n'a pas donné de bons résultats, et l'on ne se sert dans la pratique que de la pompe à compression que nous venons de décrire, c'est à-dire le compresseur à deux corps de pompe, qui permet de remplir un réservoir de 25 litres d'air à 16 atmosphères en 6 minutes. Cette provision d'air suffirait pour faire vivre un marin sous l'eau pendant 15 à 20 minutes.

De nombreuses expériences ont été faites avec les appareils Rouquayrol-Denayrouze. Elles ont constamment donné des résultats satisfaisants, et diverses commissions nommées, tant dans les ports militaires français qu'en Angleterre, dans les Pays-Bas et en Italie, ont conclu à l'adoption de ces appareils. Il est évident que ce nouveau scaphandre augmente la puissance de l'homme dans les milieux irrespirables. On lui reproche seulement la difficulté qu'ont les ouvriers à s'en servir. Un exercice préalable, une certaine habitude sont nécessaires pour que les plongeurs puissent confier leur vie avec assurance au nouvel appareil.

CHAPITRE VI

LES BATEAUX SOUS-MARINS. — ESSAIS DE VAN DREBBEL. — APPAREIL DU PERE MERSENNE, DE BUSHNELL, DE FULTON ET DES FRÈRES COESSIN. — BATEAUX PLONGEURS DE M. PAYERNE, DE M. VILLEROI ET DE M. LE CONTRE-AMIRAL BOURGOIS. — NAUTILE DE M. SAMUEL HALLET.

Nous venons de décrire deux inventions bien connues et arrivées à une véritable perfection. Il nous reste à parler d'un appareil beaucoup moins avancé dans son perfectionnement, et sur lequel les renseignements précis manquent, ce qui est l'indice d'un état d'enfance de ces appareils. Nous voulons parler des *bateaux sous-marins*.

La cloche à plongeur et le scaphandre sont des appareils fixes, ou peu s'en faut. Cela est absolument vrai pour la cloche à plongeur ; quant au scaphandre, il ne permet guère à l'explorateur sous-marin que de faire une douzaine de pas dans toutes les directions. Le plongeur ne peut parcourir sous l'eau, une distance horizontale un peu considérable, sans être accompagné de l'embarcation qui porte la pompe à air, et qui doit le recueillir en cas d'accident. Il dépend donc forcément de volontés autres que la sienne ; il est subordonné à certains faits extérieurs. C'est là un inconvénient sérieux, auquel on s'est efforcé, depuis longtemps, de porter remède, en créant un bateau susceptible de naviguer sous les eaux.

Quelle merveille ne serait pas un appareil de cet ordre, en supposant qu'il eût toute la perfection désirable ! Avec cet engin nouveau, plus d'obstacles à la curiosité de l'homme ! Dirigeant son esquif à son gré, le plongeur parcourt dans tous les sens les profondeurs sous-marines. Il est son maître, il est le seul juge de l'opportunité de ses manœuvres. Il n'est plus surpris par l'imprévu, et il n'en est plus réduit à attendre de la surface des services, qui arrivent souvent trop tard, parce que les communications sont lentes et difficiles.

Il existe un animal aquatique, un mollusque céphalopode, qui a été connu des anciens et qui a, de tout temps, excité la curiosité des naturalistes : c'est le *Nautile*, ou *Argonaute*.

Ce mollusque est renfermé dans une coquille qui a quelque ressemblance avec la carcasse d'un navire. Il est pourvu de bras palmés, qui enveloppent cette coquille et à l'aide desquels il nage avec rapidité. En aspirant et refoulant l'eau dans un *tube locomoteur*, il peut s'élever jusqu'à la surface de la mer. Mais si un danger le menace, il rentre dans sa coquille, qui, par ce seul fait, bascule et l'entraîne au fond de l'eau. Il est probable que ce curieux mollusque a servi de modèle aux esprits chercheurs qui, les premiers, s'efforcèrent de résoudre le problème de la navigation sous-marine.

Les premiers essais de navigation sous-marine ne datent que du XVIIᵉ siècle. Corneille van Drebbel, médecin hollandais, l'un des savants à qui l'on attribue l'invention du thermomètre, construisit, vers 1620, un bateau plongeur, dont un écrivain de l'époque, Harsdoffer, parle en ces termes :

« Un jour qu'il se promenait sur la Tamise, dit cet écrivain, Drebbel vit des marins qui traînaient derrière leur barque des paniers remplis de poissons ; il observa que les barques enfonçaient considérablement dans l'eau, mais qu'elles se relevaient un peu lorsque les paniers tendaient avec moins de force le cordage auquel ils étaient attachés. Cette observation lui fit penser qu'un navire pouvait être tenu sous l'eau par un système semblable et être mis en mouvement par des rames et des perches. Quelque temps après, il fit construire deux petits navires de cette nature, mais de différentes grandeurs, qui étaient bien fermés avec du cuir gras, et le roi lui-même (Jacques Iᵉʳ) navigua à bord de l'un d'eux dans la Tamise. »

D'après la relation que nous a laissée de cette expérience le chimiste anglais Robert Boyle, il y avait dans cette embarcation sous-marine douze rameurs, outre les passagers. Elle vogua parfaitement entre deux eaux jusqu'à la profondeur de 12 ou 15 pieds, et le voyage dura plusieurs heures.

« Drebbel avait découvert, dit son gendre, le docteur Keiffer, que l'air contient un fluide qui sert particulièrement à la respiration, et il avait composé une sorte de liqueur qu'il appelait *quintessence d'air*. Il suffisait de répandre quelques gouttes de cette liqueur pour donner aux personnes renfermées dans une atmosphère corrompue la faculté de respirer aussi agréablement que si elles se fussent transportées sur la plus belle colline. »

Nous sommes assez de l'avis de l'abbé de Hautefeuille, lorsqu'il dit, dans sa brochure intitulée *Manière de respirer sous l'eau*, publiée en 1680 :

« Le secret de Drebbel devait être la machine que j'ai imaginée et qui consiste en un soufflet, deux soupapes et deux tuyaux aboutissant à la surface de l'eau, l'un apportant l'air, et l'autre le renvoyant. En parlant d'une essence volatile qui rétablissait les

CHAPITRE VI

parties nitreuses, consumées par la respiration, Drebbel voulait évidemment déguiser son invention et empêcher qu'on ne la découvrît. »

Dans les *questions théologiques, physiques, morales et mathématiques*, publiées en 1634 par le P. Mersenne, religieux de l'ordre des Minimes, l'ami et le correspondant de Descartes, on trouve la description, très-détaillée, d'une autre embarcation sous-marine. Sa coque était en cuivre, et elle était en forme de poisson. On la destinait à défoncer, en temps de guerre, la carène des vaisseaux ennemis. De gros canons, appelés *colombiades*, étaient placés en face de sabords, garnis d'une soupape, pour empêcher l'introduction de l'eau. Pour tirer, on les amenait près de l'ouverture, et l'on soulevait la soupape ; le coup parti, celle-ci retombait automatiquement par l'effet du recul de l'arme.

La machine, décrite par Mersenne, conception de pure fantaisie, ne pouvait être sérieusement réalisée. Seulement quelques-unes de ses dispositions ont été mises en pratique par les inventeurs qui vinrent plus tard.

Nous ne mentionnerons pas les nombreux écrits relatifs à la navigation sous-marine, que produisirent le XVIIe et le XVIIIe siècle. Nous dirons seulement qu'en 1727, le gouvernement anglais avait déjà délivré quatorze patentes pour le perfectionnement des machines à plonger.

En 1776, un Américain, David Bushnell, simple ouvrier de l'État de Connecticut, fit connaître un bateau sous-marin, qui fut mis en expérience pendant la guerre de l'Indépendance. Ce bâtiment remontait ou descendait par le moyen d'outres qui se remplissaient facultativement d'air ou d'eau. On facilitait encore l'ascension en coupant un fil de fer qui retenait des poids en plomb fixés sous la carène. Une rame en forme de spirale, placée horizontalement sous l'embarcation, lui communiquait un mouvement en avant et en arrière, suivant qu'on la tournait dans tel ou tel sens. Une seconde rame, également en spirale et placée perpendiculairement à la première, servait à régler la profondeur des submersions. Sur la poupe était installée une caisse contenant 150 livres de poudre et destinée à être vissée sous la carène d'un vaisseau.

Au mois d'août 1776, Bushnell se présenta devant le général

Parsons, lui expliqua le mécanisme de sa machine, et lui demanda trois hommes, pour la pousser contre les navires anglais, ancrés au nord de l'île de Staten. Parsons le mit en rapport avec un homme résolu, Ezra Lee, sergent d'infanterie. Après avoir pris connaissance de l'engin, le sergent convint avec Bushnell d'en faire l'essai pendant la première nuit où la mer serait tranquille.

Remorquée par deux canots aussi près que possible de la flotte anglaise, la machine fut ensuite abandonnée à Lee et à ses deux compagnons. Le sergent entra dans le bateau, le submergea, et manœuvra pour descendre sous un vaisseau ennemi. Il y réussit très-bien, mais il ne parvint pas à percer les planches doublées de cuivre, entre lesquelles il s'agissait de loger un coffre rempli de matières combustibles qui devaient faire sauter le bâtiment. Le jour étant venu, il fut aperçu dans un moment où il revenait à la surface, et ce ne fut qu'au milieu des balles qu'il put regagner les lignes américaines.

Si cet essai ne réussit pas, ce ne fut donc point par un défaut inhérent à l'appareil.

Le célèbre ingénieur américain Robert Fulton reprit l'idée de Bushnell. Il y apporta quelques modifications, et construisit un bateau sous-marin, qu'il proposa au gouvernement français. Repoussé par le gouvernement du Directoire, qui rejeta ses plans après les avoir d'abord accueillis, repoussé ensuite par la Hollande, Fulton se présenta devant le premier consul, qui lui fit accorder des fonds pour continuer ses expériences.

Une commission, composée de Volney, Monge et Laplace, approuva ses idées, et en 1800, Fulton produisit un bateau sous-marin, qui fut expérimenté à Rouen et au Havre, mais qui ne réalisa point ce qu'on en attendait. L'inventeur réussit mieux à Brest : il s'enfonça jusqu'à 80 mètres sous l'eau, y demeura vingt minutes, et revint à la surface, après avoir parcouru une assez grande distance ; puis, disparaissant de nouveau, il regagna son point de départ.

Cependant Bonaparte fut bientôt dégoûté des expériences de Fulton, et il congédia l'inventeur et l'invention.

On ne sait presque rien des dispositions du bateau dont Fulton faisait usage. Nous avons fait connaître dans la Notice sur les *Bateaux à vapeur*, qui fait partie de cet ouvrage, tout ce que l'on

CHAPITRE VI

sait sur cette question.

Les essais de Fulton pour la construction des bateaux sous-marins et des torpilles sous-marines, eurent pour résultat d'attirer l'attention des divers savants et mécaniciens français sur la navigation sub-aquatique. On se rappela alors qu'en 1796, le gouvernement avait reçu d'un ingénieur français, nommé Castéra, le projet d'un bateau sous-marin, que l'auteur présentait comme propre à détruire les navires anglais qui croisaient sur nos côtes. À cette époque, le public n'avait vu dans l'annonce de la découverte de Castéra qu'une utopie sans fondement. Il revint alors de son impression première, et, allant même plus loin qu'il ne le fallait, il prétendit que Fulton n'avait fait qu'imiter le plan de Castéra, grâce à quelque indiscrétion des bureaux du ministère de la guerre. Mais la comparaison des deux systèmes, à laquelle fit procéder le gouvernement, prouva qu'il n'y avait entre eux aucune similitude, et que les deux inventeurs avaient eu en même temps la même idée, sans s'être rien emprunté l'un à l'autre. Castéra faisait usage d'avirons, tandis que Fulton avait adapté une hélice à l'arrière de son *Nautilus*. L'appareil de Fulton l'emportait encore sur celui de son prédécesseur en ce qu'on pouvait, à volonté, le convertir en bateau ordinaire à mât et à voile. De plus, Fulton pouvait apprécier la distance qui séparait de la surface de l'eau l'embarcation submergée.

Mais, nous le répétons, on ne saurait rien indiquer de précis, ni fournir aucun dessin géométrique du *Nautilus* de Fulton. L'auteur ne paraît avoir laissé aucun plan de son bateau. Un ingénieur allemand, M. Eyber, mort en 1866, ayant construit lui-même un bateau sous-marin, qu'il supposait semblable à celui de Fulton, a fouillé les archives d'État de l'Amérique, de l'Angleterre, de la France et de l'Allemagne, sans retrouver aucune trace des plans de Fulton, sinon le manuscrit de son mémoire, déjà connu, intitulé : *Essai de navigation sous-marine*.

Fulton ne trouva dans son pays aucune occasion de reprendre et de perfectionner son bateau sous-marin ni ses torpilles ou machines infernales sous-marines ; il mourut en 1815, au milieu d'une période de paix pour les États-Unis.

En France, la guerre se prolongeant, entretenait les idées

Louis Figuier

concernant l'emploi des bateaux sous-marins comme moyen d'attaque des navires ou des ouvrages de défense maritime. Il faut citer comme auteurs de projets de ce genre les noms de Brizé-Fradin, de d'Aubusson de la Feuillade, et des frères Coëssin.

Ces derniers, plus heureux que Fulton, réussirent à attirer sérieusement sur leur projet l'attention de Napoléon Ier. En 1809, un ordre vint d'essayer au Havre l'invention des frères Coëssin.

Ce bateau sous-marin, qui différait peu de celui de l'Américain Bushnell, était long de 8 mètres et demi et pouvait contenir 9 ou 10 hommes. Deux tuyaux de cuir, soutenus à la surface de l'eau par un flotteur de liège, envoyaient dans le bateau l'air du dehors. Des avirons le dirigeaient. Dans l'expérience qui fut faite au Havre, on constata une vitesse d'une demi-lieue à l'heure. Cette vitesse parut insuffisante.

D'ailleurs l'embarcation marchait difficilement, en raison de l'imperfection des rames comme moyen de se diriger sous l'eau. Le flotteur qui retenait à la surface de la mer, les tuyaux de cuir, permettait de reconnaître le lieu où se trouvait le bateau sous-marin, et de le saisir. Enfin la respiration des hommes se faisait très-mal par l'intermédiaire de ces tuyaux de cuir.

Ces imperfections étaient tellement évidentes, et le bateau sous-marin des frères Coëssin tellement dangereux, que les inventeurs faillirent périr dans leur *Nautile* pendant une expérience.

Malgré ses défauts, le *Nautile* des frères Coëssin méritait d'être encouragé. Aussi une commission de l'Institut qui avait été nommée pour apprécier cette invention, formula-t-elle un jugement favorable à son égard. Carnot, rapporteur de cette commission, composée de Monge, Biot et Sané, disait, après avoir énuméré les défauts de l'appareil :

« Cependant, il faut distinguer de pareilles inventions, dans lesquelles l'expérience a prouvé que les plus grandes difficultés ont été prévues, de celles qui ne sont souvent que des projets informes, et dont l'épreuve pourrait être très-périlleuse. Il n'y a plus de doute maintenant qu'on ne puisse établir une navigation sous marine très-expéditivement et à peu de frais ; et nous croyons que MM. Coëssîn ont établi ce fait par des expériences certaines. »

Plus tard, c'est-à-dire vers 1840, un autre inventeur essayait au

Havre un bateau sous-marin. Mais la plus triste fin était réservée à cette tentative. Le bateau, après s'être abaissé, avec l'inventeur, dans les profondeurs de l'eau, en rade du Havre, ne reparut point. On ne saurait imaginer de critique plus funeste de cette invention.

En 1844, un autre bateau sous-marin, celui du docteur Payerne, fut expérimenté sur la Seine, avec un certain succès.

Le premier bateau sous-marin du docteur Payerne avait la forme d'une énorme caisse, dont la base ne mesurait pas moins de 64 mètres de superficie et dont la hauteur atteignait jusqu'à 6 mètres. Il ne constituait au fond qu'une monstrueuse cloche à plongeur, capable de renfermer trente hommes dans ses flancs, et susceptible d'être coulée à fond ou ramenée à la surface par les travailleurs sous-marins eux-mêmes. Plus tard l'appareil prit une véritable forme de bateau, et l'inventeur le compléta par un appareil propulseur qui devait lui permettre de se mouvoir rapidement sous les eaux.

Le principe de cette machine est celui-ci : Introduire préalablement dans le bateau une quantité d'air comprimé, dont la pression varie selon la profondeur qu'on veut atteindre ; — aspirer de l'eau dans des compartiments spéciaux lorsqu'on désire descendre, et cela à l'aide d'une pompe placée au sein de la machine elle-même ; — puis, refouler cette eau, au moyen de la même pompe, pour remonter. En un mot, substituer l'air à l'eau, et réciproquement, dans certains compartiments qui communiquent ensemble par des robinets, et modifier ainsi à volonté la densité de l'appareil : voilà le système du bateau de Payerne.

L'air contenu dans la machine se viciant rapidement par le fait de la respiration des ouvriers, il fallait trouver le moyen de rendre cet air respirable jusqu'à extinction presque complète de l'oxygène. M. Payerne débarrassait l'air respiré de l'acide carbonique qui le surchargeait, en faisant usage d'un artifice assez grossier, mais qui avait le mérite de la nouveauté. Il forçait l'air à traverser une dissolution de potasse par l'intermédiaire d'un fort soufflet dont la tuyère se terminait par une pomme d'arrosoir.

Louis Figuier

Fig. 424. — Hydrostat sous-marin de M. Payerne.

A, cale ; B, cheminée ou bure ; C, entre-pont ; D, faux-pont ; EE′, galerie ; FF′, galerie lest ; P, pompe pour remplir ou vider à volonté l'eau d'un compartiment.

La figure 424 représente l'appareil primitif, ou *hydrostat sous-*

marin de M. Payerne, qui n'était, comme on le voit, qu'une vaste cloche à plongeur. C'était une caisse pleine d'air comprimé reposant sur le fond de la mer, Dans le compartiment du bas (A), des hommes exécutent divers travaux ; quelques-uns restés dans celui du haut, montent les matériaux extraits et manœuvrent en cas de besoin la pompe, P. Tous sont plongés dans l'air comprimé. Le compartiment du milieu (DD') est rempli d'eau. Un espace est ménagé dans le compartiment, pour laisser une corde destinée à remonter les déblais ou autres objets dans le compartiment supérieur (C). Il va sans dire que la caisse est ouverte par la base, et qu'à l'aide d'une pompe à compression placée sur le rivage ou dans l'intérieur du bateau, on envoie aux travailleurs, de l'air comprimé pour maintenir tout le système dans le même équilibre.

Dans un ouvrage récent, M. Sonrel a décrit, comme il suit, l'*hydrostat sous-marin*, ou le premier appareil du docteur Payerne.

« L'hydrostat sous-marin a extérieurement la forme d'une grande caisse rectangulaire surmontée d'une autre un peu plus petite. Le tout peut se fermer hermétiquement, sauf par-dessous, où l'on a laissé une large ouverture.

« L'hydrostat renferme trois compartiments principaux. L'inférieur, ou la cale, est ouvert par le bas, et communique par une large cheminée ou *bure* avec le compartiment supérieur ou *entre-pont*. Entre eux est un troisième compartiment, ou *faux-pont*, qui ne communique avec ses voisins que par des robinets. Tout autour de la *cale* et du *faux-pont* règne une *galerie* hermétiquement fermée et reliée à ces deux compartiments seulement par d'excellents robinets. La partie inférieure de cette galerie renferme des matières pesantes destinées à lester l'appareil ; sa partie supérieure se remplit à volonté d'air ou d'eau.

« Quand l'hydrostat flotte, la *cale* et une partie de la *bure* sont pleines d'eau ; le *faux-pont*, sa *galerie* et l'*entre-pont* sont pleins d'air. Une pompe aspirante et foulante est placée dans ce dernier, où se tiennent alors les ouvriers.

« Quand on veut faire descendre l'hydrostat, on ferme hermétiquement une écoutille de l'*entre-pont* et la porte de la *bure*. On manœuvre la pompe de manière à puiser de l'eau à l'extérieur et à la faire pénétrer dans le *faux-pont* et sa *galerie*. Un tube muni d'un robinet fait communiquer la partie supérieure du *faux-pont* avec la *cale*. On ouvre ce robinet, l'air comprimé dans la partie supérieure du *faux-pont* descend dans la *cale*. En même temps que cette dernière se remplit d'air comprimé, l'appareil se charge d'eau, devient plus lourd et descend au fond de la mer. L'eau qui était dans la *cale* est, il est vrai, sortie ; mais le volume de ce compartiment est égal à celui du faux-pont. La *cale* était pleine d'eau ; actuellement ce sont le *faux-pont* et sa *galerie*. Les ouvriers ouvrent alors la porte de la *bure* et descendent dans la *cale*. Quelques aides restent dans l'*entre-pont* pour y arrimer les matériaux extraits et pour manœuvrer la pompe en cas de besoin.

« Lorsqu'on veut revenir à la surface, les travailleurs remontent à l'*entre-pont* par la *bure*, qu'ils ferment ensuite hermétiquement. La pompe est manœuvrée de manière à aspirer l'air de la *cale*, à le refouler dans le *faux-pont*, et de là dans la *galerie*. L'eau s'échappe par un conduit communiquant avec l'extérieur. L'*hydrostat* reprend sa légèreté en même temps que la *cale* se remplit d'eau, et bientôt il flotte comme primitivement. C'est alors qu'on ouvre l'*écoutille de l'entre-pont* et qu'on ramène, au moyen d'un treuil et de câbles, l'hydrostat au lieu de son débarquement, ou qu'on l'amarre à des bouées près du lieu de travail.

« La *cale* est carrée. Elle mesure 8 mètres de côté sur 2 mètres de hauteur. Le *faux-pont* a les mêmes dimensions. L'*entre-pont* a la même hauteur, mais il n'a que 5 mètres de côté. L'*hydrostat* a donc 6 mètres de hauteur, et sa base, qui a pour plancher le fond de la mer, a 64 mètres carrés de surface. Nous avons déjà dit qu'une galerie complètement fermée entoure les deux étages inférieurs. Elle est, comme le faux-pont, divisée en plusieurs compartiments plus petits qu'on peut faire communiquer entre eux ou rendre indépendants les uns des autres au moyen de robinets.

« L'*hydrostat sous-marin* de M. Payerne résout donc à la fois plusieurs difficultés. Une manœuvre intérieure le submerge et le transforme en une cloche à plongeur ; puis elle le ramène à la surface ou le transforme en un radeau qui se déplace à volonté.[1] »

Depuis l'année 1855, M. Payerne a beaucoup perfectionné son appareil sous-marin. Il en a fait un véritable bateau, du moins

---

1 *Le Fond de la mer*, in-12. Paris, 1868, page 228.

CHAPITRE VI

par la forme ; car, dans le fond, il ne diffère point de la machine précédente, ne pouvant naviguer sous les eaux. M. Payerne avait eu l'idée de le pourvoir d'une hélice et d'une machine à vapeur, pour lui donner le mouvement. Mais aucun artifice n'ayant permis d'arriver à entretenir un courant d'air dans le foyer ainsi submergé, et contenu dans une enveloppe en tôle, il fallut chercher un combustible qui fût oxygéné par lui-même.

M. Payerne essaya, dans ce but, l'azotate de soude ou de potasse. Mais ce sel présentait de réels dangers d'explosion, et l'on y renonça.

M. Payerne n'a donc pu réussir à créer un véritable bateau sous-marin. Il est resté dans l'ancienne donnée de la cloche à plongeur, et cette fois encore, on peut le dire, le bateau sous-marin est tombé dans l'eau.

Quoique réduit à l'état de simple cloche à plongeur, l'appareil du docteur Payerne a pourtant rendu quelques services. Il est propre surtout aux travaux et constructions sous-marines. En 1847, on l'a employé à Brest, pour débarrasser le chenal d'une roche très-dure, qui s'opposait au lancement d'un des plus beaux bâtiments de notre marine, le Valmy. Il a fait le même office à Cherbourg, et c'est grâce à lui qu'on a pu désobstruer le port de Fécamp, encombré par des galets qui empêchaient l'entrée de tous les navires d'un fort tonnage. À Paris, il a servi à enlever la pile d'un pont et à extraire les débris de toutes sortes qui encombraient le lit du fleuve.

Le journal la Science pour tous a décrit en ces termes, l'invention du docteur Payerne, en émettant sur cet essai un espoir que l'avenir n'a pas confirmé.

« Le bateau a une forme ovoïde ; il est en tôle assemblée et solidement rivée ; des lentilles de verre, placées au milieu de la paroi, y laissent pénétrer un jour abondant. Il est divisé en plusieurs chambres ou compartiments, et le plus vaste, celui du milieu, qu'on appelle la chambre du travail, est muni d'un plomb mobile qu'on relève au moment où l'on veut établir le contact entre l'eau ou le fond et l'intérieur du bateau. Celui-ci, avant le départ, est d'abord rempli d'air comprimé à une pression déterminée par la profondeur à laquelle on se propose de descendre ; puis on laisse pénétrer au moyen de robinets, dans les compartiments spéciaux, une quantité d'eau telle que la densité du bateau soit un peu supérieure à celle du volume d'eau qu'il déplace ; il gagne alors le fond, et, d'après cela, on conçoit aisément que, se trouvant, grâce à l'air qu'il contient, posséder une aise, si, au bout de quelques heures, l'air se trouvait vicié, il suffirait de le mettre en contact avec des substances capables d'absorber l'acide carbonique, ce qui, d'ailleurs, a lieu avec la plus grande facilité, en faisant passer l'air d'un compartiment dans un autre, et lui faisant alors traverser une solution de potasse.[1] »

La figure 425 donne, d'après le journal qui vient de nous fournir cette description, le plan du bateau sous-marin du docteur Payerne.

Fig. 425. — Plan du bateau sous-marin de M. Payerne.

A, chambre de l'avant ; B, chambre de travail ; C, chambre de l'équipage ; D, chambre des machines ; HEB, chambre intermédiaire ; F, jetée en construction ; G, bloc à mettre en place.

La légende qui accompagne cette figure en explique les différentes parties.

Du reste, le bateau du docteur Payerne n'est plus à l'état de projet. Il a souvent fonctionné, comme il vient d'être dit, entre les mains de l'inventeur ou de son associé, M. Lamiral.

Ce qui est encore à l'état de projet, c'est l'adaptation d'un propulseur à ce bateau. Il n'y a là rien d'impossible peut-être au moyen du combustible oxygéné que propose M. Payerne, pour l'entretien du

1 Année 1857.

foyer. Cependant, tant que l'expérience n'aura pas parlé, on devra s'abstenir.

Il nous reste, pour terminer l'examen des bateaux sous-marins, ou plutôt des tentatives faites pour les réaliser, à décrire quelques appareils qui sont tous, d'ailleurs, fondés sur le même principe que celui du docteur Payerne. On provoque la descente du bateau par l'introduction d'une certaine quantité d'eau dans un compartiment spécial, et l'on remonte en chassant cette eau par de l'air comprimé.

Le *Nautile*, de M. Samuel Hallet, de New-York, qui figura à l'Exposition universelle de 1867, ne différait véritablement de l'appareil du docteur Payerne, qu'en ce que l'évacuation de l'eau par l'air comprimé se faisait d'une manière plus simple. Grâce à un robinet, la pompe était supprimée. Le *Nautile* n'était, en réalité, qu'une vaste cloche à plongeur.

On ne peut en dire autant du bateau qui a été expérimenté, en 1862, à Philadelphie, par un ingénieur français, M. Villeroi (de Nantes). Cet appareil, qui était désigné sous le nom de *bateau-cigare*, offre, en effet, la forme d'un cigare. En d'autres termes, c'est : un long cylindre, terminé par deux cônes. Il est hermétiquement fermé, et éclairé intérieurement par un grand nombre de fenêtres circulaires. Il est pourvu d'une écoutille permettant d'y entrer et d'en sortir. Pour s'enfoncer, il suffit de remplir d'eau, au moyen d'une pompe, des tubes en guttapercha placés à l'intérieur et communiquant avec l'extérieur par un conduit à robinet ; pour s'élever, on vide ces mêmes tubes. L'appareil propulseur consiste en une hélice mue par une machine sur laquelle nous ne possédons aucun détail. Le diamètre du bâtiment est de 1^m,11, et sa longueur de 11^m,55.

La figure 426 représente le bateau-cigare de M. Villeroi.

On s'accorde à reconnaître que l'appareil de notre compatriote constitue l'une des tentatives les mieux conçues dans le domaine, si difficile et si peu exploré, de la navigation sous-marine.

Avant d'être proposé en Amérique, le bateau de notre compatriote, M. Villeroi, avait été essayé à Noirmoutiers. Un journal du temps, *le Navigateur*, publiait, à propos de cette expérience, l'article suivant :

« À 4 heures, la mer étant dans son plein, M, Villeroi est entré dans sa machine et l'a poussée au large. Le bateau à vapeur sous-marin a d'abord couru à fleur d'eau pendant une demi-heure, ensuite il a plongé dans 15 ou 18 pieds d'eau ; où il a enlevé du fond des cailloux et a recueilli quelques coquillages. Il a couru ensuite en divers sens pendant cette submersion, pour tromper une partie des canots qui l'avaient entouré depuis le commencement de l'expérience. M. Villeroi, remontant ensuite, a reparu à quelque distance, se dirigeant à fleur d'eau dans diverses directions, et après cette navigation, qui a duré en totalité cinq quarts d'heure, il a ouvert son panneau et s'est montré au public, qui l'a accueilli d'un vif intérêt et de ses suffrages. »

Fig. 426. — Navire sous-marin de M. Villeroi, ou bateau-cigare.

Il a été essayé en 1862, à Barcelone, un bateau sous-marin, que l'inventeur, M. Narciso Monturiol, appelait *El Ictineo*. L'auteur de *l'Espagne contemporaine*, publiée en 1862, dit que cette embarcation sub-aquatique fut expérimentée au moins une soixantaine de fois.

Un journal de Paris écrivait ce qui suit, au sujet du bateau-poisson expérimenté à Barcelone en 1862 :

« J'ai vu l'*Ictineo*. Il manœuvre à 18 mètres sous l'eau avec la même facilité qu'à sa superficie. Quand l'oxygène manque, un appareil le produit à mesure que le besoin s'en fait sentir, et pendant cinq heures un équipage de dix hommes est resté sous l'eau sans communication avec l'air supérieur. Ce n'est pas tout : le navire est armé de canons et fait la manœuvre de cette arme avec autant de justesse qu'à terre ou à bord d'un autre navire ; les coups sont dirigés de bas en haut contre la partie vulnérable de la coque des navires blindés. L'*Ictineo* est, en outre, armé d'une puissante tarière mue par la vapeur et propre à percer la coque des navires. L'invention mérite d'attirer les regards des marins et des soldats. »

Nous devons également une mention très-honorable au bateau *le Plongeur* du contre-amiral Bourgeois.

Ce bateau fut lancé à Rochefort en 1863. Mesurant 44 mètres de long, il a la forme d'un cigare légèrement aplati. Il est mû par une machine à air comprimé, de la force de 80 chevaux, qui pousse la compression de l'air jusqu'à 12 atmosphères. Il est divisé, dans le sens de sa longueur, en deux compartiments, renfermant, l'un la machine, l'autre de vastes réservoirs destinés à emmagasiner l'air comprimé. Au-dessous de ces réservoirs, s'en trouvent d'autres, dans lesquels on introduit de l'eau quand il s'agit de s'enfoncer. Pour remonter on met ces mêmes réservoirs en communication avec les premiers, on chasse l'eau par l'air comprimé, et le bâtiment remonte à la surface. À l'arrière sont placés une hélice, un gouvernail vertical et deux gouvernails horizontaux qui aident à la descente ou à l'ascension, suivant l'inclinaison qu'on leur donne. Un mécanisme spécial permet, en outre, à la partie supérieure de la carapace de se détacher et de se transformer en canot pouvant recevoir les douze hommes de l'équipage, en cas d'accident.

Ce navire sous-marin pèche par le défaut de stabilité quand il

Louis Figuier

flotte entre deux eaux ; à tous les autres égards il est parfaitement conçu. À la suite des expériences de 1863, M. Bourgois a repris ses études, il y a tout lieu d'espérer que le Plongeur, convenablement perfectionné, deviendra un excellent type pour des essais postérieurs dans la même direction.

Pour faire mieux connaître le Plongeur du contre-amiral Bourgois, nous emprunterons une page à un ouvrage publié en 1868, le Fond de la mer, par M. Léon Renard, bibliothécaire du Dépôt des cartes et plans de la marine.

« Si le problème n'a pas été résolu avec ce bateau, on peut affirmer que, de tous ceux qui ont été imaginés, c'est celui qui a touché de plus près la vérité. Et d'abord le principe sur lequel il repose est tout nouveau ; son moteur est l'air comprimé. Les dimensions fixées par M. Bourgois, de concert avec le constructeur du bateau, M. Brun, ingénieur de la marine, sont de 44 mètres. Il a la forme d'un cigare[1] qui serait aplati sur le tiers de sa circonférence. Son arrière est évidé de manière à contenir une hélice, un gouvernail vertical et deux gouvernails horizontaux, qui servent, suivant l'inclinaison qu'on leur donne, à faciliter l'immersion du bateau ou son retour à la surface. Intérieurement, on remarque une coursive courant de l'avant à l'arrière et divisant ainsi le bateau en deux parties qui renferment : la première, une machine à air comprimé, de 80 chevaux ; la seconde, de vastes réservoirs en forme de tubes dans lesquels s'emmagasine cet air, qui est comprimé à 12 atmosphères. Immédiatement au-dessous de ces compartiments, on en a placé

---

1 Cette forme nouvelle est appelée, croyons-nous, à un grand avenir, par suite de la stabilité qu'elle donne sur l'eau.

En passant à la remorque de la Vigie, devant le canal qui sépare l'île de Ré de celle d'Oléron, nous disait un officier témoin des expériences du Plongeur, la mer était creuse et le remorqueur roulait de manière à ne pas permettre de marcher sans appui sur le pont. Le Plongeur, au contraire, dont les compartiments étaient vides, et qui, par suite, s'élevait d'un pied au-dessus de l'eau, ne bougeait pas, la lame passait par-dessus, et l'équipage se promenait dans l'intérieur comme en terre ferme. »

Le fait frappa les Américains. En 1864, l'un d'eux, M. Winam, a lancé sur la Tamise un bateau long de 78 mètres, qui a tout à fait la forme du Plongeur. À chacune de ses extrémités, il a une hélice : celle de l'arrière, pour refouler l'eau ; celle de l'avant, pour l'attirer et s'y visser en quelque sorte. Son inventeur assure qu'il se comporte très-bien à la mer, soit que la vague déferle sur sa carapace, comme sur celle d'une baleine, soit qu'il saute dessus comme un marsouin »

CHAPITRE VI

d'autres chargés de recevoir l'eau qui sert de lest au bateau et aide à son immersion. Pour chasser cette eau et rendre au bâtiment sa légèreté, il suffit de mettre ces tubes en communication avec ceux qui contiennent l'air comprimé. Ajoutons que *le Plongeur* est doué en outre d'un mécanisme particulier à l'aide duquel sa carapace supérieure peut se détacher et du même coup se transformer en canot de sauvetage pour l'équipage, lequel est de douze hommes.

« Lancé en mai 1863, ce bâtiment devint aussitôt l'objet d'une série d'expériences sur la Charente, dans le bassin de Rochefort et en pleine mer, sous la direction de MM. Bourgois et Brun. Ces expériences ont permis de constater que la construction du navire ne laissait rien a désirer et que tout avait été prévu. Restait la question de stabilité, d'équilibre entre deux eaux. Celle-ci n'a malheureusement pas donné les résultats qu'on espérait, et M. Bourgois a dû reprendre ses études dans ce sens.

« Deux faits d'une haute importance restent en tout cas acquis à la pratique : la possibilité de l'emploi de l'air comprimé comme moteur, et celle de faire vivre sans inconvénient douze hommes sous l'eau pendant un espace de temps suffisamment considérable. Le reste sera trouvé plus tard, et, dès aujourd'hui, on doit savoir gré à M. Bourgois d'avoir ramené d'un seul coup les esprits qui s'égaraient et de leur avoir montré le seul chemin où ils aient désormais quelque chance de réussite. « Tel quel, *le Plongeur*, comme le remarquait très-justement *le Moniteur de la flotte*, offrirait à un petit nombre d'hommes intelligents et résolus les moyens d'attaquer avec succès des bâtiments d'une grande puissance et d'une grande valeur, et de renouveler ainsi les exploits de ces audacieux constructeurs de brûlots qui, au siècle dernier, ont illustré la marine française. »

« Un des épisodes de la guerre américaine confirme cette opinion. C'était en 1863. Les Confédérés possédaient un petit bateau sous-marin qui était loin d'avoir une aussi bonne installation que celui de M. Bourgois. Construit pour les travaux de port, il renfermait un mécanisme mû à la main qui faisait évoluer une hélice. Immergé, il recevait l'air par le moyen élémentaire d'un long tuyau maintenu à la surface de l'eau par un flotteur. Depuis Fulton, on le voit, la navigation sous-marine avait fait en Amérique peu de progrès. Les Confédérés n'en tentèrent pas moins avec cet engin incertain la destruction de l'*Hoosatonic*, navire amiral de l'escadre

Louis Figuier

qui bloquait Charleston. Ayant placé une torpille à l'avant du bateau, son commandant, profitant de la nuit, se dirigea entre deux eaux sur l'escadre fédérale. Il l'atteignit sans encombre et fixa facilement la torpille sous le navire. Un moment après, l'arrière de l'*Hoosatonic* sautait et le bâtiment tout entier s'affaissait dans les flots. Le petit bateau n'eut pas un sort plus heureux : comme il rentrait à Charleston, il se brisa sur la barre de la rivière.

« En pourvoyant leur bateau sous-marin d'une machine infernale, les Américains suivaient en cela les plans de M. Bourgois. À l'avant du *Plongeur*, celui-ci a placé un large éperon en forme de tube conique. Cet éperon renferme une cartouche capable de contenir de la poudre ou une bombe incendiaire. Étant donné un bâtiment à détruire, le *Plongeur* s'en approche et le frappe de son dard, qui ouvre à 3 mètres au-dessous de la ligne de flottaison une large blessure où, comme l'abeille, il laisse son aiguillon meurtrier ; puis, faisant mouvoir sa machine en arrière, il se retire promptement en déroulant un fil métallique avec lequel il peut, à la distance qui lui convient, déterminer l'explosion.

CHAPITRE VII

APPLICATIONS DIVERSES DES APPAREILS PLONGEURS. —
RECHERCHE DES RICHES ÉPAVES. — NETTOYAGE DES CARÈNES DE
NAVIRE. — CONSTRUCTIONS SOUS-MARINES. — MISE A FLOT DES
BÂTIMENTS. — PÊCHE DU CORAIL ET DES ÉPONGES.

Les applications des appareils plongeurs sont nombreuses et variées : nous les passerons rapidement en revue, pour terminer cette Notice.

Recherche des richesses englouties au fond de l'eau. — Le scaphandre est un engin des plus précieux pour la recherche des riches épaves. Maintes fois déjà, il a montré ce qu'on pouvait attendre d'un pareil instrument de découvertes.

Il y a quelques années, deux paquebots, *le Gange* et *l'Impératrice*, s'abordèrent dans l'avant-port de Marseille, et une caisse remplie d'or fut précipitée du second de ces navires dans la vase, qui forme une couche épaisse au fond de l'eau de l'avant-port. Le lendemain, on s'occupa de rechercher le précieux colis. Un gros plomb de 60 kilogrammes fut descendu approximativement au lieu de l'abordage. Ce plomb portait deux cordes divisées par mètres à l'aide de nœuds. Deux plongeurs revêtus du scaphandre tendirent en sens contraire ces cordes, et, passant successivement d'un nœud à l'autre, ils décrivirent des cercles concentriques, examinant et tâtant eux-mêmes le fond à chaque pas.

Après trois heures de ce manège, la caisse fut retrouvée (*fig.* 427) et rendue à son propriétaire.

Fig. 427. — Plongeurs trouvant une caisse pleine d'or dans le port de Marseille.

Louis Figuier

Les recherches étaient dirigées par M. Barbotin, — un nom prédestiné ! — entrepreneur de travaux sous-marins à Marseille.

Mais c'est surtout en Angleterre que le scaphandre a été appliqué à ces sortes d'explorations, et l'on se figure difficilement les sommes énormes qu'on a ainsi retirées du fond de la mer.

En 1850, le bateau à vapeur *Columbia*, qui portait lord Elgin aux Indes, sombra dans le voisinage de la pointe de Galles. Des plongeurs furent envoyés sur le lieu du sinistre. Revêtus de l'appareil de Siebe, ils repêchèrent non-seulement l'argent, mais encore les papiers du noble lord.

En 1860, un autre bâtiment, *le Malabar*, portant la somme de 280 000 livres sterling (7 millions de francs), échoua sur les côtes d'Angleterre. Plusieurs mois après le naufrage, on se décida à faire descendre des plongeurs au fond de l'abîme, dans l'espérance de retrouver la somme. L'expédition réussit complètement.

En 1865, un steamer d'un mécanisme très-coûteux, se perdit près de l'île Lundy. Un ingénieur de Portsmouth, M. Mac-Duff, alla lui-même, revêtu du scaphandre, démonter toutes les pièces des machines, et parvint à les ramener à la surface.

La troupe de plongeurs que visita M. Esquiros, lorsqu'il voulut descendre au fond de la mer, équipé en scaphandrier, a retiré des débris de la *Lady-Charlotte*, la somme de 100 000 liv. sterl. (2 500 000 francs). Sur les côtes d'Irlande, elle découvrit un gros amas de dollars, primitivement contenus dans un tonneau, et qui en avaient gardé la forme après la pourriture du bois. Cet argent provenait d'un navire espagnol. Les heureux plongeurs l'ont employé à construire dans leur village une rue qui porte le nom de *Dollar-Row*.

En 1844, on alla même jusqu'à tenter d'arracher à l'abîme les épaves d'un vaisseau englouti en 1782, c'est-à-dire depuis 62 ans. Il s'agissait du *Royal-Georges*, vaisseau de 104 canons, naufragé à Spithead par 90 pieds d'eau. Bien que le bâtiment fût très-chargé et portât plus de mille passagers, on tenta l'aventure. On retrouva peu d'argent ; mais on ramena à la surface 23 pièces de canon.

« J'ai vu chez M. Siebe, dit M. Esquiros, de sombres et intéressantes reliques arrachées dans cette occasion au lit de la mer : le tibia d'un marin, un moulin à café, une tasse, une cuiller d'argent, un foulard, une vieille pipe, une bouteille de vin à laquelle s'étaient incrustées des écailles d'huîtres, etc. ; mais ce qui me frappa le plus, c'est une crosse de mousquet rongée par les vagues. Voilà ce que fait la mer des armes sur lesquelles l'homme compte pour sa défense ! »

Lorsqu'un navire a sombré sur la côte anglaise, une grande compagnie d'assurances maritimes fait procéder, pour son propre compte, à une première exploration des eaux. Dès que le gros du butin est enlevé, elle vend les débris restants à une seconde compagnie, moyennant une somme fixe qui peut naturellement être trop élevée, mais qui se trouve aussi quelquefois de beaucoup inférieure à la valeur réelle des épaves gisant encore au fond de la mer.

En 1863, une compagnie acheta 1 000 liv. sterl. (25 000 francs), le champ du naufrage du *Royal-Charter*, et elle fit une excellente spéculation. À plusieurs reprises, les plongeurs recueillirent des sommes assez fortes, entre autres un coffre contenant à lui seul 75 000 francs ; ils trouvèrent également une barre d'or pur pesant neuf livres et demie.

Écoutons à ce sujet, l'auteur des *Scènes de la vie anglaise*, M. Esquiros :

« Des différents travailleurs qui sont en commerce avec la mer, le plongeur est peut-être celui qui assiste aux scènes les plus mélancoliques. Un *diver* qui avait exploré en 1865 les débris d'un vaisseau naufragé près des côtes de l'Écosse, *le Dalhousie*, racontait un sombre épisode de l'histoire de l'abîme. Chaque fois qu'il descendait dans la grande cabine, il trouvait une mère à genoux dans l'attitude de la prière et serrant ses deux enfants entre ses bras, tandis que d'autres cadavres étaient restés accrochés avec les ongles aux poutres du plafond. Ces tristes spectacles ne sont pas rares dans la vie du plongeur : Un autre de ces ouvriers sous-marins qui avait été occupé à fouiller un navire échoué sur les côtes de l'Irlande, disait à M. Siebe qu'il entrait souvent dans une cabine et s'arrêtait à regarder dans une des cases (*berths*), une jeune femme aux longs cheveux dénoués, que le mouvement des eaux faisait flotter comme des algues. « Je me serais bien gardé, ajouta t-il, de la troubler dans son sommeil, ni de la déranger de sa couche ; où aurait-elle pu trouver une plus paisible tombe ? »

Louis Figuier

Constructions sous-marines. — Extraction des roches du fond de la mer. — Les appareils plongeurs sont d'un grand secours pour les travaux d'architecture sous-marine, et le plus imparfait d'entre eux, la cloche à plongeur, a été utilisé de cette façon depuis fort longtemps déjà. Dès 1779, l'ingénieur anglais Smeaton, le même qui avait introduit d'importants perfectionnements dans la cloche à plongeur de Halley, s'en servit pour réparer, au nord de l'Angleterre, les piles du pont de Hexham, dont les fondements menaçaient ruine. Vers 1813, Rennie en fit également usage pour poser les premières assises de la jetée qu'il construisit dans le port de Ramsgate. Enfin, le même appareil joua un rôle important dans l'édification des brise-lames de Douvres et de Plymouth.

La cloche à plongeur a été appliquée, en France, aux travaux de la digue de Cherbourg par Cachin, inspecteur des ponts et chaussées, en 1820. À Brest, on l'a employée pour exécuter certains ouvrages dans l'arsenal et le port de commerce. Lors de la construction du tunnel qui passe sous la Tamise, elle fut très-utile à l'ingénieur Brunel, en lui permettant de juger, par ses propres yeux, de l'étendue d'une brèche creusée dans la voûte par l'eau du fleuve.

Mieux encore que la cloche, le scaphandre se prête à de pareils travaux. Le nouveau pont de Westminster, à Londres, a été édifié par des hommes revêtus de l'appareil de M. Heinke, peu différent de celui de M. Siebe.

Rien de plus simple que la méthode adoptée pour l'exécution des ouvrages d'architecture sous-marine. Les pierres sont taillées et numérotées à terre, puis descendues, à l'aide de grues, au fond de la mer où les ouvriers revêtus de scaphandre et recevant de l'air par le moyen des pompes placées sur le quai, les entassent méthodiquement les unes sur les autres, et les réunissent par un ciment hydraulique.

Dans certaines passes étroites, il existe des roches énormes qui entravent la navigation. On s'en débarrasse aujourd'hui sans beaucoup de peine. Des plongeurs se laissent couler, pratiquent un trou dans le rocher, et y déposent une cartouche en fer-blanc remplie de poudre ou de nitro-glycérine. L'ayant recouverte de ciment, ils s'éloignent, et l'enflamment, soit à l'aide d'un long tube dans lequel ils précipitent un fer rouge, soit à l'aide d'une mèche brûlant dans l'eau, soit par l'électricité.

C'est ainsi qu'on a fait disparaître de *Menay-Strait* (défilé de Menay), entre Holyhead et l'île d'Anglesey, deux écueils redoutables nommés la Vache (*cow*) et le Veau (*calf*). Le même moyen a été employé pour déraser la roche Rose, écueil situé à l'entrée du port militaire de Brest. Le travail n'avait pas duré moins de quatre ans ; il a coûté 70 000 francs, et les 2 500 mètres cubes de roc déblayés ont exigé une dépense de 26 000 kilogrammes de poudre.

La figure 428 représente la manière d'exécuter, avec le scaphandre, les constructions sous-marines.

Fig. 428. — Constructions sous-marines exécutées par des ouvriers revêtus du scaphandre.

Nettoyage des carènes. Réparation des avaries dans la coque des navires. — Au bout de quelques semaines de navigation, la coque des navires se recouvre, surtout dans les pays chauds, d'une grande quantité de corps étrangers, tels que mollusques, zoophytes et herbes de toutes sortes, qui nuisent beaucoup à la marche du bâtiment, en diminuant le poli des surfaces immergées, et augmentant ainsi la résistance du liquide au glissement de la masse flottante. Il résulte des calculs exécutés par des hommes compétents que cet amas d'aspérités suffit pour amoindrir, dans la proportion d'un quart la vitesse d'un bâtiment en marche. Ainsi, nos navires cuirassés perdent 2 nœuds au moins de vitesse, dans l'intervalle d'une année qui s'écoule entre deux passages consécutifs au bassin, et cependant ils brûlent proportionnellement beaucoup plus de charbon à la fin de la campagne qu'au commencement. Le mauvais état de la carène augmente la dépense de combustible de 400 francs par jour, en allant doucement, et de 720 francs en marchant à toute vapeur. Pour les grands paquebots transatlantiques, la différence est encore plus considérable, et les compagnies réaliseraient d'énormes économies en faisant nettoyer dans chaque point de relâche les carènes des bâtiments, au lieu d'attendre leur retour au bassin.

Rien de plus facile avec l'appareil Rouquayrol-Denayrouze, Des plongeurs descendent sous la carène, et travaillent là, sous l'eau, aussi facilement que dans la mâture, en pleine mer (*fig.* 429).

Quant au prix de revient de chaque nettoyage exécuté par ce procédé, il est bien moins élevé que celui du grattage dans le bassin ; de sorte que pour la même somme dépensée annuellement, on peut entretenir la carène d'un navire dans un état de propreté constante, en renouvelant plus souvent le nettoyage. On bénéficie donc de toute l'économie réalisée ainsi sur la dépense de combustible.

Le scaphandre Rouquayrol est également très-précieux pour dégager l'hélice qui peut être embarrassée dans de longues herbes, et pour exécuter dans la coque du navire, des réparations urgentes, qui exigeraient la rentrée au bassin, sans le secours de cet auxiliaire Une voie d'eau se déclare-t-elle : un homme descend immédiatement le long de la carène, et la bouche sur-le-champ. Pour repêcher une ancre et des chaînes perdues, le scaphandrier fonctionne encore utilement.

CHAPITRE VII

Fig. 429. — Nettoyage de la carène d'un navire, en mer au
moyen du scaphandre.

Nous emprunterons à un mémoire publié par M. Denayrouze sur
le *Nettoyage des carènes de navires en cours de campagne*, quelques
pages, qui montreront l'application pratique des principes que
nous venons de faire connaître.

M. Denayrouze donne, en ces termes, le détail des opérations qu'il
fit exécuter pour le nettoyage du garde-côte cuirassé *le Taureau*,

ainsi que de la frégate *l'Invincible*. Les opérations, bien entendu, s'exécutèrent en mer, et sans que le navire dût rentrer au bassin de radoub, car c'est là l'intérêt de l'opération.

« Le garde-côte cuirassé *le Taureau*, dit M. Denayrouze, est un navire de 2 500 tonneaux de déplacement, à deux machines jumelles de 250 chevaux, faisant mouvoir deux hélices à deux branches.

« Le navire était sorti du bassin le 17 novembre 1865. Quatre mois après, le 15 mars 1866, on remarquait près de la flottaison, sur la partie immergée de la cuirasse, des herbes d'une longueur de $0^m,15$. Une première visite avec l'appareil fit reconnaître qu'il se formait, sur le cuivre, des végétations assez semblables à de petits bouquets de bruyères. Ces végétations étaient chargées d'un grand nombre de petites moules ; sur les formes du bâtiment se trouvaient un très-grand nombre de toutes petites coquilles de la grosseur d'une tête d'épingle. La cuirasse était couverte d'un limon vert, assez long et assez épais.

« Par ordre du vice-amiral préfet maritime Toulon, j'entrepris, à titre d'essai, le nettoyage de la carène du *Taureau*.

« J'avais d'abord à former des plongeurs. Parmi l'équipage, un seul homme, dans les matelots que j'ai employés, savait se servir de l'appareil : les matelots-mécaniciens avaient plongé dans le scaphandre ; les matelots-canonniers, timoniers, n'avaient jamais plongé dans aucun appareil. Le travail a été interrompu plusieurs fois par les exigences du service. Le *Taureau* a fait trois sorties à, la mer pour des expériences de machine et un voyage à Saint-Tropez,

« La principale difficulté consistait pour moi dans le mode d'envoi des plongeurs sur tous les points de la carène. Elle a été très-heureusement et très-simplement résolue par le mode de fonctionnement de l'appareil, qui se prête *d'une manière toute particulière à ce genre de travail*.

« J'ai cintré le navire avec une échelle en corde, à barreaux en bois, semblable aux échelles de tangon. Cette échelle était roidie des deux côtés et marchait sur l'avant ou sur l'arrière, suivant les signaux du plongeur. Ce dernier emportait avec lui un barreau en fer tenu horizontal par une patte d'oie terminée par un crochet. Le plongeur se tenait debout ou assis sur ce marchepied.

CHAPITRE VII

« Les parties verticales et planes du navire n'offraient pas de difficultés ; le plongeur les nettoyait debout sur son marchepied.

« Sous la quille et dans les formes rentrantes, il gonflait son habit d'air, il changeait ainsi son déplacement et se *collait* contre le navire, étendu sur son marchepied presque horizontalement.

« Une pareille manœuvre faite avec le scaphandre serait très-dangereuse ; on serait exposé à voir le plongeur remonter, entraîné les pieds en l'air.

« La séparation absolue de l'appareil respiratoire et de l'habit protecteur du froid permet d'accoster tous les points de la carène et résout la plus grande difficulté d'un entretien constant des parties immergées dans un état parfait de propreté.

« L'habit en caoutchouc sert, à proprement parler, au plongeur, de vessie qu'il gonfle et dégonfle à volonté, dont il peut changer le déplacement à un demi-litre près, sans que ces manœuvres influent en rien sur le règlement de sa respiration. De là la surprenante facilité du travail sous les flancs des navires.

« Les matelots prennent très-vite l'habitude de ces travaux. Des canonniers, des timoniers, entièrement étrangers au métier de plongeur, étaient arrivés en quelques jours à faire sept heures de travail sous l'eau. J'aurais diminué ce nombre d'heures, mais, après 3 heures 30 minutes de séjour dans l'eau le matin, ils remontaient sans aucune fatigue, avec la figure naturelle, le pouls très-normal, et ils demandaient à redescendre l'après-midi. Les bras seuls étaient fatigués le soir par le mouvement continu de la brosse.

« Cette facilité de mouvement sous la carène permettra une propreté absolue de la carène des navires en cours de campagne.

« Il n'y a, en effet, aucune disposition particulière à prendre, et difficile à installer à la mer, telle que : échelles en bois, plates-formes, etc. Quel que soit l'état de la mer, avec l'échelle de corde, la tringle en fer servant de marchepied, la pompe dans la batterie ou sur le pont, on peut plonger sous la carène.

« Il a venté, dans le cours du nettoyage du *Taureau*, à deux reprises différentes, une forte brise de N.-O. J'ai tenu à faire continuer le travail. Dès que les plongeurs étaient à 1^m,50 sous l'eau, ils ne ressentaient plus l'effet de la lame et travaillaient comme les jours de calme.

Louis Figuier

« Pour embarquer à bord, ils se gonflaient d'air et flottaient au-dessus de l'eau, toujours dans une position verticale : il devenait très-facile de s'écarter du bord et de les faire monter dans une embarcation qui portait ordinairement la pompe. Lorsqu'il y avait trop de mer, on pompait sur le pont du navire.

« Les plongeurs enlevaient les herbes et les petites moules avec des brosses rectangulaires en fil de laiton. Les balais et les brosses en crin étaient insuffisants pour enlever les végétations après quatre mois de séjour hors du bassin.

« Le nettoyage du *Taureau* a coûté 109 h. 9 minutes de travail. Un matelot, après deux jours d'exercice de l'appareil, peut travailler cinq à six heures par jour sous l'eau.

« J'ai perdu environ une quinzaine d'heures à l'apprentissage et à l'installation de ce travail tout nouveau ; mais sans en tenir compte, et en considérant 15 heures comme travail effectif, on voit qu'il représente 20 journées de travail à un seul plongeur.

« Ce travail a paru à tous les officiers très-suffisamment rapide pour le but que je me proposais d'atteindre. En effet, les plus grands navires cuirassés, tels que le *Solferino*, ou le grand paquebot anglais l'*Himalaya*, n'ont qu'une surface de carène double de celle du *Taureau*, Leur nettoyage complet, tous les trois ou quatre mois, demanderait 220 heures de plonge.

« Avec deux plongeurs, il suffirait de 20 journées pour nettoyer les plus grands navires. De plus, ce nettoyage entrant dans la pratique des bâtiments et ayant lieu tous les deux mois, la carène serait beaucoup moins sale et la durée du travail considérablement diminuée.

« On peut donc considérer cette limite de 20 jours comme une limite maximum pour les plus grands navires.

M. Denayrouze passe ensuite aux opérations qu'il a fait exécuter à bord de la frégate cuirassée l'*Invincible*.

« Cette frégate n'avait pas passé au bassin depuis dix mois. J'ai fait nettoyer pendant 6 heures la partie comprise entre le neuvième et le dixième sabord à bâbord. La frégate est entrée au bassin le lendemain. Sa carène était dans un état surprenant ; le cuivre était couvert d'une couche épaisse de végétations sous-marines, une sorte de corail blanc ; des coquillages d'espèces diverses formaient une couche qui cachait complètement le doublage et qui avait 5 centimètres d'épaisseur en certains endroits. Il y avait, en outre, de distance en distance, des huîtres très adhérentes. Je n'estime pas à moins de 10 tonneaux le poids des végétations que la gratte a détachées du cuivre de cette frégate.

« La cuirasse, beaucoup plus propre que le cuivre, était couverte d'une herbe verte de 15 à 20 centimètres de longueur très-adhérente. Des bancs de moules, d'une longueur, de 2 mètres sur une largeur ; de 13 à 20 centimètres, étaient semés çà et là sur la cuirasse, plus particulièrement près des endroits où les plaques de blindage étaient piquées.

« La partie que l'on avait brossée la veille en rade a été trouvée parfaitement nettoyée. Un rapport officiel l'a constaté. Le cuivre était absolument comme s'il venait d'être gratté au bassin. Les coquillages très-adhérents, les huîtres, avaient été brisés avec une gratte pesante, et les plongeurs avaient brossé par-dessus. Les parties avoisinant la quille, la quille elle-même, étaient au moins aussi propres que les parties nettoyées près de la cuirasse.

« Il ressort de cet essai que l'on aurait pu très-bien, en y employant suffisamment de monde, débarrasser complètement le cuivre de cette frégate de toutes ces végétations.

« On a mesuré exactement à bord l'espace nettoyé ; il était de 45 mètres carrés ; un seul homme avait été employé à ce travail pendant 6 heures consécutives.

« On peut donc prendre pour base de l'évaluation du travail des matelots sous la carène 6 mètres carrés de surface par homme et par heure.

« À bord du *Taureau*, j'ai eu souvent 10 mètres carrés par heure et par homme ; mais ce navire était beaucoup moins sale que l'*Invincible*. Je ne pense pas qu'il passe souvent au bassin des bâtiments ayant une carène plus sale que celle de cette frégate. Le chiffre de 6 mètres carrés peut être considéré comme un minimum de travail. Suivant l'état de propreté du navire, un plongeur doit nettoyer de 6 à 12 mètres carrés de surface par heure.

« Quant aux conséquences de l'état des carènes, j'extrais des journaux du bord et des rapports faits sur l'*Invincible* les notes suivantes :

Louis Figuier

« La frégate *l'Invincible* a atteint dans ses premiers essais, en 1862, une vitesse mesurée sur les bases des îles d'Hyères, de 13 nœuds 5, en marchant à toute vapeur ; elle donnait de 53 à 54 tours d'hélice.

« L'année dernière, après sa sortie du bassin, elle a recommencé ses expériences sur les mêmes bases, et a obtenu de 13 nœuds à 13 nœuds 2. Elle donnait, à toute vapeur, 53 tours d'hélice. Dans un voyage à Saint-Tropez au mois d'avril, c'est-à-dire dix mois après sa sortie du bassin, la frégate a chauffé à toute vapeur. Par un temps calme et une mer unie, avec de très-bon charbon et 65 à 66 centimètres de vide au condenseur, la machine donnait 51 tours 5. La plus grande vitesse obtenue a été de 9 nœuds 8.

« Ces chiffres dispensent de tout commentaire.

« Les dispositions de détail à prendre pour travailler commodément sous la carène sont les suivantes :

« Cintrer le navire avec l'échelle en corde. Cette échelle porte des barreaux en bois de 80 centimètres de longueur et à 30 centimètres de distance les uns des autres. À l'extrémité de l'échelle près de la flottaison, les barreaux ne sont qu'à $0^m,20$ les uns des autres, pour faciliter l'ascension du plongeur.

« L'échelle doit avoir $1^m,20$ hors de l'eau, et au premier barreau se trouvent deux tire-veilles quiservent au plongeur pour se hisser commodément.

« La pompe est placée sur le pont, ou dans la batterie, ou sur l'avant d'un canot de service.

« Le plongeur s'habille dans la chambre du canot, il s'assied sur la fargue du canot soit pour entrer dans l'eau, soit pour en sortir. On peut faciliter ce mouvement en crochant sur le bord du canot une marche en bois soutenue en patte d'oie par deux bouts de filin. Le plongeur s'assied sur cette marche en remontant de l'eau.

« Le marchepied est une barre en fer de 1 mètre de longueur. La hauteur du crochet au-dessus du marchepied est environ de 1 mètre. Le croc doit être assez large pour crocher aisément dans les marches de l'échelle.

« Pour entretenir la carène d'un bâtiment sortant du bassin, des brosses dures ou des balais en bois à poîgnée lestée en plomb suffisent. Le balai ou brosse est attaché au poignet par une petite chaîne métallique. Lorsqu'on laisse accumuler les végétations, il faut employer les brosses rectangulaires métalliques en laiton. Ces dernières sont préférables aux brosses en fil de fer, qui pourraient rayer le cuivre.

« Lorsque le navire n'a pas été nettoyé depuis longtemps, il y a, sur la carène, des coquillages très-durs. Ainsi la frégate *l'Invincible* a, sur ses flancs, des huîtres aussi grosses que des huîtres d'Ostende, après un an de séjour hors du bassin. Les navires en fer portent plus particulièrement des moules ; il faut, pour les enlever, se servir de grattes en fer d'environ $0^m,15$ de largeur.

Renflouage des vaisseaux échoués. Destruction des navires ennemis en temps de guerre. — Le scaphandre permet également, dans certains cas, de remettre à flot des navires échoués. Des plongeurs soulèvent d'une certaine quantité le bâtiment au moyen de crics (*fig.* 430). Ils passent ensuite dessous, soit de fortes chaînes, soit de grandes bouées remplies d'air comprimé, et ils le font haler par un autre bâtiment voguant à la surface. Ces bouées ont pour objet d'augmenter sa surface ascensionnelle.

Fig. 430. — Des ouvriers revêtus du scaphandre remettent à flot un bâtiment échoué.

Louis Figuier

Pisciculture, pêche du corail, des éponges, des perles et de la nacre. — Il est facile de comprendre toute l'extension que prendrait le commerce de ces produits, si l'on utilisait le scaphandre pour les recueillir.

Les opérations nombreuses et variées exigées par l'élevage des poissons dans les étangs, dans les petits cours d'eau et les rivières d'eau douce ou salée, réclament fréquemment une connaissance précise, un aménagement rationnel du fond des eaux. La nature des plantes, la disposition des abris dont le poisson peut avoir besoin, ont, en effet, une grande influence sur le succès des entreprises de pisciculture. Sans nul doute, un appareil qui permet de descendre sous l'eau, d'y travailler librement et de s'y déplacer comme on le veut, doit rendre, dans ces diverses opérations, des services réels, surtout lorsqu'il s'agira d'empoissonnements un peu considérables et dont les produits pourront facilement compenser les dépenses de l'entreprise.

Rien de plus imparfait que les procédés suivis actuellement dans la pêche des huîtres comestibles. La drague dévaste aveuglément les bancs dont la nature a peuplé nos parages. Aucun choix n'est possible entre les jeunes et les adultes ; enfin, bon nombre de ces mollusques sont brisés et perdus. Cette pêche, d'ailleurs, est d'un produit incertain ; en tout cas, on peut la considérer comme beaucoup moins productive que ne le serait une récolte à la main, faite par un équipage submergé dans le bateau plongeur, suivant à son gré le banc d'huîtres au fond de la mer, épargnant les jeunes pour l'avenir, et ne perdant pas, s'il le veut, un seul animal. Un autre point de vue mérite d'être signalé à ce propos.

Grâce à l'art admirable de l'*ostréiculture*, dont nous avons décrit les pratiques dans la Notice sur la *Pisciculture*, on sait aujourd'hui ensemencer d'huîtres les rivages où ces animaux n'existent pas. Le scaphandre serait très-propre à établir sans peine, et dans les lieux choisis d'avance, des bancs d'huîtres qui, en peu d'années, seraient d'un bon rapport et enrichiraient nos pays maritimes.

Le même système appliqué aux huîtres perlières, permettrait de régénérer les pêches des perles et de la nacre, et de prévenir l'épuisement des bancs, en fournissant les moyens de reproduire ces huîtres perlières par un ensemencement artificiel semblable à celui qui s'exécute aujourd'hui sur tant de rivages pour l'huître comestible.

On comprend aisément combien il serait avantageux de pouvoir substituer aux plongeurs à nu, pour la recherche des huîtres perlières et de la nacre, les plongeurs revêtus du scaphandre. Les hommes ainsi préservés de l'attaque des animaux sous-marins, et pouvant prolonger selon leurs désirs, leur séjour dans l'eau, procéderaient à des récoltes sûres et abondantes.

Quant au corail, il ne serait pas moins précieux de substituer les scaphandres au système de pêche barbare en usage sur les côtes de l'Italie, et en général dans tous les parages de la Méditerranée et de l'océan Indien où l'on récolte le corail. Le filet muni de crocs, nommés *fauberts*, qui sert à cette pêche, agissant au hasard, à travers les profondeurs de la mer, laboure les rochers coralliers, brise et détruit le naissain de zoophytes, aussi bien que le corail le plus ancien. Ce mode de récolte détruit tout, au fond de la mer, au grand préjudice des exploitations futures.

Les pêcheurs de corail ont été frappés de ces avantages, alors qu'on ne connaissait encore que l'appareil Cabirol. On cite des pêcheurs de corail de la côte de Catalogne qui ont réalisé, avec le scaphandre, de très-beaux bénéfices. Cet exemple a été d'ailleurs suivi par d'autres pêcheurs, surtout depuis l'invention du scaphandre Rouquayrol.

Au mois de mars 1856, M. Ad. Focillon, dans un rapport présenté à la*Société d'acclimatation*, à propos de questions sur la pêche du corail algérien, qui avaient été adressées à cette société par le Ministre de la guerre, démontrait que les moyens les plus efficaces pour ramener en des mains françaises la pêche et l'industrie du corail algérien seraient : 1° l'exploitation méthodique des bancs naturels ; 2° la création de bancs artificiels dans des conditions favorables à leur exploitation ultérieure.

Le scaphandre semble devoir résoudre mieux qu'aucun autre procédé ce double problème. Ses avantages paraîtront considérables, si l'on songe qu'il permet de faire la pêche sûrement, avec une supériorité évidente, et sans ravager les bancs coralliens. À l'emploi de la drague, qui brise, arrache et ramène très-incomplétement les débris qu'elle a faits, les scaphandres substituent une cueillette à la main, où chaque morceau de corail peut être choisi, où l'état des bancs peut être constaté, à chaque saison, où les jeunes pousses de coraux peuvent être épargnées, tandis qu'on enlève, sans préjudice pour les bancs, et avec un grand profit industriel, les vieux troncs que la drague abandonne trop souvent (*fig.* 431). La pêche du corail opérée avec les appareils plongeurs sera aussi productive qu'une récolte à la surface du sol, et on sera en mesure d'offrir le corail ainsi récolté aux étrangers, qui nous l'enlèvent aujourd'hui, sans que la France en retire aucun bénéfice. On pourrait même, grâce à ce procédé, combiner l'ensemencement du corail avec sa pêche méthodique. En effet, dans les eaux qu'il habite naturellement, ce zoophyte croît partout où on le pose, et la production de nouveaux bancs, l'extension, l'aménagement rationnel des bancs existants, paraissent ne devoir plus dépendre que de l'emploi rationnel des scaphandres.

Il est donc à désirer que l'on fasse l'essai des scaphandres pour la pêche du corail de l'Algérie. Lorsque la main de l'homme pourra récolter directement ce que la drague dévaste aujourd'hui, on trouvera dans ce procédé les moyens les plus efficaces de rapatrier cette pêche, jadis toute française. On ne peut guère prévoir comment les moyens grossiers des pêcheurs actuels pourraient soutenir la concurrence avec une méthode qui, récoltant facilement le corail propre à l'industrie, livrerait sans peine, sur les marchés algériens, une marchandise abondante et mieux choisie. On trouverait là, en même temps, les moyens de ménager et d'accroître ces gisements coralliens de l'Algérie qui ne connaissent pas de rivaux, et qui devraient être une des richesses de notre colonie d'Afrique.

L'introduction des machines à plongeurs dans la pêche des éponges, était, pour ainsi dire, indiquée d'avance. On devait y trouver des avantages évidents ; travail moins pénible et rendement plus considérable, joints à la possibilité de descendre dans la mer à toutes les époques. Les plongeurs revêtus du scaphandre, pénétrant à des profondeurs beaucoup plus considérables que les plongeurs à nu, devaient faire une récolte d'éponges bien supérieure en qualité et en quantité. En effet, la beauté et la finesse des éponges s'accroissent avec la profondeur jusqu'à 40 ou 50 mètres.

On ne sera donc pas surpris d'apprendre que les appareils plongeurs aient été adoptés depuis peu d'années dans les pays de

CHAPITRE VII

114

l'Orient qui se livrent à cette industrie.

Fig. 431. — Récolte du corail au moyen du scaphandre.

Ce n'est pas cependant sans des difficultés qui avaient fini par amener des troubles assez graves, que l'introduction de ces appareils a pu se réaliser au milieu des populations de l'Orient, animées de tous les vieux préjugés contre ce qui est neuf et insolite.

Louis Figuier

Nous trouvons dans le mémoire de M. P. Aublé, que nous avons déjà cité, le récit historique des premiers essais de l'emploi des scaphandres sur les côtes de l'Archipel ottoman, et des singulières oppositions qu'elle rencontra. Comme ce récit nous paraît devoir intéresser nos lecteurs, nous laisserons la parole à l'auteur de ce mémoire.

« La première machine, dit M. Aublé, qui travailla pour la pêche des éponges, fut amenée en Syrie par M. A. Coulombel, de la maison Coulombel frères et Devismes de Paris, il y a dix ans. Il avait avec lui un plongeur de Toulon qui devait enseigner aux pêcheurs d'éponges à se servir de l'appareil.

« Il fit donc la campagne lui-même avec son équipage ; mais un beau jour le plongeur français mourut, après des douleurs assez-mal définies qui le prirent au fond de la mer. On eut le temps de le retirer ; il ne survécut que quelques heures. Cet essai en resta là et découragea profondément celui qui l'avait tenté. Plus tard, le bruit très-vraisemblable se produisit que ce plongeur avait été empoisonné.

« On n'entendit plus parler de cette malheureuse expédition, et personne ne songeait à courir la responsabilité d'un nouvel essai, lorsqu'en 1860, un plongeur de Symi revint des Indes avec un scaphandre. Il avait travaillé avec des Anglais dans des machines permettant de descendre jusqu'à 30 brasses ($49^m,50$). Ce fut pour le récompenser que ses maîtres lui donnèrent un appareil à plongeur, lorsqu'il partit. Il s'en servit pour la pêche des éponges et en tira un excellent profit. Il fut seul jusqu'en 1865. À cette époque, on apprit tout à coup qu'un scaphandre appartenant à une maison française de Constantinople et exploité par des gens de l'île de Calimnos venait d'être brisé par la population de cette île. On voulut faire un mauvais parti aux scaphandriers ; ils purent heureusement s'échapper. Nécessairement cela amena des menaces, des récriminations, des procès qui n'ont encore abouti à aucun résultat réel.

« L'élan était donné. Aussitôt on arma, pour la campagne de 1866, 2 scaphandres à Rhodes. Bientôt après, il y en avait 5 à Symi et une nouvelle à Calimnos même.

« Dans les îles, ce fut une révolution. La population, surexcitée, soulevée, menaça de briser tous les scaphandres, d'exiler, de tuer ceux qui s'en serviraient. On alla jusqu'à prêcher en pleine église la mort contre tout traître à la patrie (c'est ainsi qu'on appela ceux qui se servaient des machines). Ces menaces n'eurent pas de suite, mais à la rentrée des bateaux de pêche, au mois de septembre 1866, les troubles recommencèrent. Calimnos se mit à la tête, on y brisa le scaphandre qui s'y trouvait ; deux jours après les Symiotes brisaient tous ceux de leurs compatriotes. L'exaltation de ces gens était telle, que les enfants de dix ans venaient en troupe sommer les propriétaires de scaphandre de leur donner la clef de leur magasin et les y forçaient. En face d'un pareil état de choses, les deux machines de Rhodes furent envoyées immédiatement à Symi : c'était vouloir résoudre la question carrément ; on n'osa pas y toucher.

« Les Européens se demandaient s'il serait désormais possible de traiter avec une pareille population ; à Karki, on ne brisait pas de machines, mais on refusait de laisser partir des éponges achetées et payées.

« Ce fut un trouble général, la négation de toute espèce de droit, d'autorité ; les Européens demandaient une satisfaction pour empêcher le retour de semblables violences et assurer la sécurité de leurs transactions. Les insulaires, comprenant tous leurs torts et voulant les pallier, consentirent à payer une indemnité aux propriétaires des machines brisées ; c'était un dédommagement bien minime et illusoire, parce qu'on exigea en même temps une renonciation formelle aux machines à plongeur, sous peine d'exil et de confiscation de tous les biens. »

L'esprit turbulent et arriéré des populations des îles de l'Archipel, explique cette excitation extraordinaire. Il faut dire aussi que l'insurrection de l'île de Candie avait échauffé les têtes, et que les insulaires trouvaient dans ces événements une occasion de faire des démonstrations hostiles à la Turquie.

Hâtons-nous de dire que cette affaire fut complètement résolue en 1867, par les soins réunis des gouvernements français et ottoman. Le navire de guerre français *le Forban*, et une frégate turque portant le gouverneur de Rhodes, mirent fin à tous ces troubles, et l'on décréta la complète liberté de la pêche des éponges au moyen

Louis Figuier

des scaphandres.

Depuis ce moment, ceux qui avaient poussé aux violences populaires, furent les premiers à se procurer des machines, et à procéder, avec ces engins nouveaux, à la pêche des éponges.

D'après le mémoire qui nous a fourni les détails précédents, le commerce total des éponges pêchées par les barques du littoral syrien et de l'Archipel ottoman (Symi, Calimnos, Rhodes, Smyrne, Hydra) a été, en 1866, de 161 000 francs pour 11 machines ; ce qui fait une moyenne de 14 600 francs pour une machine, c'est-à-dire plus du double du rendement des meilleures barques ordinaires. Il est prouvé qu'une machine à plongeur rapporte au moins trois fois le produit de la meilleure barque de pêche ordinaire.

Aussi voit-on, en ce moment, cette industrie se développer à Rhodes et à Smyrne, où l'on ne s'en occupait pas jusqu'ici.

Dans la campague de 1867, il y avait 15 à 18 machines à plongeur occupées à cette pêche. Ce mouvement ne s'arrêtera pas, car il est de toute évidence que l'introduction des scaphandres réalisera toute une révolution dans l'industrie qui vient de nous occuper.

L'inventeur du bateau sous-marin que nous avons décrit et figuré dans cette Notice (page 665, M. le docteur Payerne, assisté de M. Lamiral, qui s'était associé à son entreprise, avait proposé, en 1856, non une pêche régulière des éponges au moyen du bateau sous-marin, mais une naturalisation de ce zoophyte sur nos côtes d'Algérie. MM. Payerne et Lamiral, comptant sur l'identité probable des eaux de la Méditerranée dans ses divers parages, et sur l'analogie des climats, voulaient transporter les éponges syriennes sur les côtes de notre colonie d'Afrique, et ils indiquaient, à cet effet, un moyen aussi simple que rationnel.

Les bateaux sous-marins, disaient MM. Payerne et Lamiral, iraient sous les eaux de Tripoli, de Beyrouth ou de Seïda, choisir, parmi les éponges vivantes, celles qui paraîtraient préférables pour ces essais ; on ferait éclater et on enlèverait les parties de rochers qui les portent. Cette récolte vivante serait placée dans des caisses perméables à l'eau, qu'on pourrait faire flotter à telle profondes qu'il serait nécessaire. Les caisses seraient remorquées vers l'Algérie, et enfoncées au fond de la mer, où les éponges seraient disposées par l'équipage du bateau sous-marin dans des conditions aussi semblables que possible à celles de leurs contrées natales. Il semble, quand on considère la fécondité et la vitalité énergique des zoophytes, qu'en peu d'années on aurait à récolter sur nos côtes africaines un nouveau produit, que l'emploi des scaphandres permettrait d'exploiter avec méthode et discernement. Pour des tentatives de ce genre, l'impossibilité du travail sous-marin était l'obstacle à peu près unique, car les animaux inférieurs croissent et se reproduisent en général avec une simplicité qui ne semble laisser à craindre aucune difficulté sérieuse pour leur transplantation sous d'autres rivages maritimes.

Le peu de succès pratique qu'a obtenu le bateau sous-marin de M. Payerne a empêché de donner suite à ce projet ; mais il serait facile de le reprendre au moyen du nouveau scaphandre de MM. Rouquayrol et Denayrouze.

Nous terminerons cette Notice en disant que les appareils plongeurs se prêtent encore à d'autres applications que nous avons dû passer sous silence. Il est tout d'abord bien évident que le scaphandre Rouquayrol et Denayrouze peut servir à pénétrer dans tout lieu rempli de gaz méphitiques ou irrespirables, tels que les soutes à charbon situées dans la cale des navires, les fosses d'aisances, les égouts, etc. En cas d'incendie, il permettrait de pénétrer dans une chambre envahie par la fumée. Il est enfin des circonstances particulières, placées en dehors de toutes prévisions, où le scaphandre sera employé avec succès. Cet appareil a donc un grand avenir, et il figure au nombre des plus intéressantes inventions de notre temps.

L'appareil de M. Galibert, que l'on a vu fonctionner à l'Exposition de 1867, sur le bord de la Seine, n'est qu'une application intéressante du principe du scaphandre Rouquayrol et Denayrouze.

Les *tubes respiratoires* de M. Galibert permettent de pénétrer sans danger au milieu d'un espace rempli de gaz irrespirables, dans une pièce contenant du gaz acide carbonique, dans une chambre pleine de fumée, etc.

L'appareil de M. Galibert, qui a été récompensé deux fois par l'Académie des sciences (1866, 1869) consiste en un sac de cuir, ou réservoir à air, de la capacité de 110 litres, qui permet de séjourner 20 à 25 minutes dans un gaz asphyxiant. Deux tubes qui partent

Louis Figuier

de ce réservoir, aboutissent à une pièce en corne, qui se fixe dans la bouche par une légère pression des dents. On porte ce réservoir sur le dos comme un havre-sac, on protège les yeux par une paire de lunettes et les narines par un pince-nez, qui sont les accessoires de l'appareil. En mettant dans la bouche la pièce en corne, on peut descendre dans la cave, la fosse, le puisard, etc., où il y a un travail à exécuter. On aspire par les deux tubes à la fois, et l'on renvoie lentement l'air aspiré, dans le réservoir, par les mêmes tubes.

Avec cet appareil, qui ne pèse que $1^{kil},60$, l'ouvrier est complètement libre de ses mouvements : il porte son air avec lui.

CHAPITRE VII

ISBN : 978-1533575579